Manger et boire

Pr Vincent Bels

Manger et boire

Des innovations évolutives extraordinaires

Odile Jacob

3, rue Auguste-Comte, 75006 Paris

www.odilejacob.fr

ISBN : 978-2-4150-1172-7

À ma fille…

Introduction

Partout, la biodiversité est en danger. Elle ne cesse de décroître. Quelles qu'en soient les causes passées et actuelles, quels que soient les discours portant sur la trajectoire de la sixième extinction dite de l'Holocène ou de l'Anthropocène, nous ne sommes plus à l'aube de cette décroissance : nous y sommes complètement ! Sur une courte période géologique, l'homme est devenu un des facteurs et, de toute évidence, le facteur majeur de la transformation des écosystèmes et des communautés d'organismes qui s'y sont installées tout au long des 3,8 milliards d'années depuis l'apparition de la vie. Durant cette période, il est clairement établi que l'homme a exploité et exploite d'une manière de plus en plus prégnante les écosystèmes et leurs composantes conduisant à leur surexploitation. Soumises à de nouvelles pressions en un temps très court, un nombre d'espèces ou de populations animales, les vertébrés en particulier, ont été supprimées purement et simplement de la surface de la terre ou sont en voie de disparition à plus ou moins court terme. Ainsi, à l'aube de l'humanité, les vertébrés vivant sur notre planète ont dû faire face aux changements de l'environnement et, surtout, à la présence d'un nouveau top prédateur apparu voici seulement 7 millions d'années : l'homme. Au cours de son évolution sur les quelques derniers milliers d'années, *Homo sapiens* n'a plus cherché à combler les besoins physiologiques liés à sa survie en réalisant une exploitation qui préservait encore, plus ou moins, les ressources disponibles. En 2080, l'humanité comptera sans doute près de 10 milliards d'individus. Dans une course aux profits rapides, elle est entrée dans une phase de surexploitation des milieux et des espèces ou des populations du monde vivant présentes partout sur notre planète. Justifiant cette attitude par des arguments souvent fallacieux, sa volonté de produire encore et encore ne cesse de conduire à modifier les écosystèmes, leur fonctionnement et, donc, la survie de ses composantes, en particulier des vertébrés.

En opposition aux vertébrés d'élevage dont les populations ne cessent de croître et de s'uniformiser, la majorité des espèces dites « sauvages » se réduisent et disparaissent à une vitesse mille fois supérieure au taux d'extinction mesuré sur les fossiles au cours de ce qu'il est convenu d'appeler la sixième extinction de masse[1], et ce à quelques exceptions près. À l'heure actuelle, il semble que la biomasse des espèces dites « sauvages » est estimée à moins de 4 %, celle des humains, à plus de 30 % et celle des animaux d'élevage, à plus de 60 % de la biomasse totale des vertébrés sur notre planète[2]. En outre, ces espèces ne cessent de perdre leur diversité génétique et phénotypique qui seule permet de répondre aux pressions exercées par l'environnement. D'ailleurs, beaucoup d'entre elles ont très rapidement disparu dès qu'elles ont été en contact avec les populations humaines, prédatrices par excellence. Il suffit de se remémorer la disparition du dodo en un peu plus d'un siècle ou encore celle des pigeons migrateurs d'Amérique du Nord, ou tourtes voyageuses, qui furent anéantis à partir de l'arrivée des colons dès la moitié du XIXe siècle. Ces deux exemples devenus « classiques » démontrent la rapidité avec laquelle une espèce peut disparaître sous l'effet des activités humaines, de la chasse ou de l'introduction d'espèces invasives.

Résumée dans ce qui est appelé le changement global[3], l'activité humaine engendre des conséquences à tous les niveaux du fonctionnement des écosystèmes aquatiques et terrestres[4] dont nous, humains, ne pouvons bien entendu être séparés. Dans le même temps, que ce soit d'un point de vue dit « fondamental » ou sous un angle dit « bio-inspiré de la nature », nos connaissances des propriétés et du fonctionnement de cette biodiversité ne cessent de s'accumuler. Certes, une partie de plus en plus importante de l'humanité est de plus en plus attentive à cette problématique et essaie d'agir pour diminuer l'érosion des écosystèmes et de la biodiversité qui s'y trouve. Malgré ces tentatives, la dégradation des milieux et des populations des organismes qui les peuplent ne cesse de s'amplifier. Retenons les conclusions de Robert Barbault qui, dès le début des années 1990, soulignait que finalement la biodiversité est l'expression d'enjeux de natures différentes, opposées, voire antagonistes, « enjeux en termes de survie pour les espèces elles-mêmes, homme compris ; mais aussi enjeux pour les sociétés humaines, en termes de conflits d'intérêts, de compétition pour les ressources. Il y a là place à de vastes débats, régionaux, nationaux et internationaux, autant qu'à d'intéressantes problématiques de recherche. Ainsi, le défi à relever est très clairement un défi de civilisation[5] ». Enfin, connaître les relations entre les vertébrés et leur écosystème est essentiel, comme le soulignent B. Chevassus-au-Louis et G. Pipien à propos de tous les organismes : « Si la description de la biodiversité en termes d'entités constitue une approche légitime [...], un individu d'une espèce ne peut exister que s'il tisse, dès sa naissance, de multiples relations avec d'autres individus de son espèce ou d'autres espèces, relations qui vont déterminer à la fois son propre devenir et le rôle qu'il va jouer dans le fonctionnement des écosystèmes : la biodiversité, c'est d'abord une affaire de relations[6] ! » En se basant sur ces réflexions (et bien d'autres) et sur des connaissances de plus en plus précises sur la biodiversité et ses changements, des actions concrètes sont menées, depuis plus de cinquante ans, pour diminuer, limiter, voire empêcher l'impact des activités humaines sur la diversité du vivant. Comme de plus en plus discutée et même démontrée, la mise en application de telles actions est absolument nécessaire pour assurer le bien-être, voire la survie de l'humanité[7].

Au sein des écosystèmes, tous les vertébrés font partie de communautés complexes organisées en réseaux trophiques ou réseaux alimentaires mis en place au travers des interactions entre des organismes qui mangent et des organismes qui sont mangés.

De tels réseaux constituent les liens entre la biodiversité et ses différentes caractéristiques (taille, masse, forme, etc.), les communautés écologiques et les écosystèmes. Par ces liens, les interactions entre organismes, notamment chez les vertébrés, jouent donc un rôle de pression de sélection qui participe à la sélection naturelle. Cette pression est reconnue comme un des moteurs principaux du bricolage de l'évolution au sens de François Jacob[8]. En écologie et en écologie comportementale, ces organismes sont groupés au sein d'une pyramide montrant une succession hiérarchisée de catégories, des producteurs (les végétaux) aux consommateurs d'ordre primaire (herbivores), secondaire (prédateurs), voire tertiaire (top prédateurs).

Ainsi, au cours de leur histoire qui a commencé il y a plus de 520 millions d'années lors de ce qui est appelé l'explosion du Cambrien, au début du Paléozoïque (encadré 1), les vertébrés qui disposaient et disposent encore d'un nombre incroyable de ressources alimentaires en milieu aquatique et terrestre se sont adaptés, non seulement pour se nourrir, mais également pour éviter de devenir eux-mêmes une proie au travers des interactions de type « prédateurs-proies ». À l'exception des espèces appelées « top prédateur », dont font partie les primates humains, chaque espèce peut, à tout moment, devenir en fait une proie potentielle et être chassée, capturée, tuée, transformée ou non et finalement avalée. Des consommateurs qui se nourrissent de végétaux aux prédateurs qui chassent des proies vivantes et mobiles en passant par ceux qui exploitent des cadavres, chaque mode de consommation est lié à des traits biologiques typiques.

Ces modes de consommation ne peuvent se construire que sur la base du comportement alimentaire et de leurs caractéristiques tant au niveau des populations que des individus. Se nourrir et boire sont des activités absolument nécessaires, pour assurer non seulement la survie, mais également celle des descendants et ce, pour toutes les espèces animales, nous primates y compris. N'avons-nous pas développé l'agriculture, au sens large, et mis en œuvre la domestication d'un nombre limité d'espèces pour assurer notamment une meilleure survie d'abord, une meilleure qualité de vie ensuite et, enfin, notre bien-être, tout en modifiant les écosystèmes au point d'aboutir à une surconsommation avec toutes les conséquences néfastes qui peuvent en découler.

Se nourrir et boire, ces gestes qui semblent *a priori* simples et usuels impliquent des caractéristiques – en langage biologique : des « traits » – qui portent sur une morphologie, des mâchoires à la langue en passant par les mains, une physiologie, un comportement, une capacité cognitive et sensorielle et un contrôle au niveau du système nerveux. L'intégration de ces traits crée un exemple du bricolage évolutif. Comme souligné par François Jacob, un tel bricolage permet la diversité des formes des organismes et des modes d'exploitation des ressources alimentaires disponibles. Dès les balbutiements de l'étude de l'histoire évolutive des vertébrés, cette diversité a d'ailleurs été explorée pour essayer de comprendre comment ces traits qui ont souvent été, dans une approche simple, résumés dans des relations de type « de la forme à la fonction » ont évolué et se sont adaptés, c'est-à-dire transformés et « ajustés » ou encore « optimisés » en réponse aux propriétés de l'alimentation, quelle qu'en soit la nature.

En outre, se nourrir et boire impliquent d'entrer en compétition avec de nombreuses sources de nourriture potentielle à travers ces interactions dites « prédateurs-proies ». Ces relations conduisent à ce que les biologistes déterminent comme une « course aux armements ». De plus, le succès du manger et du boire peut être assuré soit en restant solitaire, comme l'ours et le tigre par exemple (sauf en période de reproduction), soit en vivant en groupes plus ou moins structurés et hiérarchisés de manière temporaire ou encore en sociétés organisées de manière permanente. Toujours bricolée, l'évolution a alors transformé des traits utilisés pour se nourrir en moyens de se défendre et de séduire.

L'évolution de la forme des vertébrés, en particulier de leur tête, repose sur un plan de construction appelé *bauplan*, qui a émergé lors de l'explosion du Cambrien. Cette évolution leur a permis d'exploiter un nombre impressionnant de niches écologiques. Pour le comprendre, il est indispensable d'appréhender de manière précise le comportement alimentaire par des exemples remarquables qui démontrent la diversité des solutions employées, tout en recherchant les principes généraux, notamment physiques, qui en règlent le fonctionnement. L'eau et l'air, voilà déjà deux milieux complètement différents dans lesquels manger ne peut se faire de la même manière, comme le montreront les chapitres de cet ouvrage.

L'objectif est en effet d'y présenter, de manière synthétique et le plus souvent comparative, le comportement alimentaire chez un certain nombre, obligatoirement limité, de vertébrés vivant en milieux aquatiques et terrestres. Des requins aux hommes, en passant par les tortues, les oiseaux et autres mammifères, notre souhait est de faire découvrir la diversité des comportements, depuis les structures remarquables mises en jeu jusqu'à leur organisation fonctionnelle, sensorielle et neuromotrice. Il est évident que tous les exemples étudiés dans la littérature ne peuvent être ni décrits ni expliqués. De même, tous les mécanismes qui peuvent notamment servir au développement de solutions bio-inspirées pour résoudre des problèmes humains ne peuvent être abordés. Nous avons donc choisi de nous focaliser sur des espèces aquatiques et terrestres comme exemples de la diversité extraordinaire des comportements et des mécanismes utilisés par les vertébrés pour manger et boire.

D'autres exemples auraient sans doute pu être proposés et expliqués en détail pour faire découvrir la magnificence de la diversité de ces organismes qu'il faut arrêter de détruire. Nonobstant les manques qui peuvent toujours être soulignés, montrer et faire comprendre la diversité des comportements peut être un moyen de nous émerveiller devant toutes les solutions que l'évolution ne cesse et, espérons-le, ne cessera de mettre en jeu !

Encadré 1. Représentation schématique des périodes géologiques qui se sont succédé au cours de l'éon du Paléozoïque

Cet éon comporte trois ères (Paléozoïque, Mésozoïque et Cénozoïque) divisées en périodes, elles-mêmes subdivisées en époques. Les dates approximatives des différentes époques sont indiquées en millions d'années.

Phanérozoïque	Cénozoïque	Quaternaire		Holocène	0,011
				Pléistocène	2,4
		Tertiaire	Néo.	Pilocène	5,3
				Miocène	23,0
			Pal.	Oligocène	34,0
				Éocène	55,8
				Paléocène	65,5
	Mésozoïque	Crétacé			145
		Jurassique			200
		Trias			251
	Paléozoïque	Permien			299
		Carbonifère	Pen.		318
			Mis.		359
		Dévonien			416
		Silurien			423
		Odovicien			488
		Cambrien			542

Mis. : Mississippien ; Néo. : Néogène ; Pal. : Paléogène ;
Pen. : Pennsylvanien.

PARTIE I

Une tête pour manger, boire et tant d’autres choses

CHAPITRE 1

Une incroyable diversité de crânes

Comme celle de tous les vertébrés, notre tête est un ensemble d'éléments morphologiques, osseux et cartilagineux, de formes très différentes. Muscles, systèmes sanguin et nerveux viennent s'y greffer. Notre tête protège le système nerveux central, le tronc cérébral, qui intègre les informations des systèmes sensoriels directement liés à la tête. De leur forme à leur fonctionnement, tous les éléments osseux, cartilagineux et musculaires de la tête ne sont pas seulement décrits dans leur lien au régime alimentaire. De tout temps, de très nombreux artistes se sont intéressés au crâne, à sa forme et à son anatomie.

De l'artiste au philosophe, le crâne de l'homme et de tous les autres vertébrés a toujours fasciné ! Rappelons-nous l'histoire du crâne de Mozart et de sa bosse, comme le raconte Yves Coppens dans son ouvrage exposant sa vie de chercheur[1], ou encore le rôle du crâne dans « la scène du fossoyeur » décrite par William Shakespeare dans sa tragédie *Hamlet*.

Des pionniers de l'anatomie

Leonardo da Vinci (1452-1519) a probablement été un des premiers à dessiner de manière précise l'anatomie du crâne humain constitué de 22 pièces osseuses même si, dans toutes les écoles d'art depuis l'Antiquité, qu'il soit humain ou animal, il a été très largement représenté, sculpté ou peint par de nombreux artistes, en l'associant avec différentes symboliques telles que le courage, la mortalité, le temps qui passe ou la vanité. De même, le crâne a joué un rôle très important dans toutes les cultures et civilisations

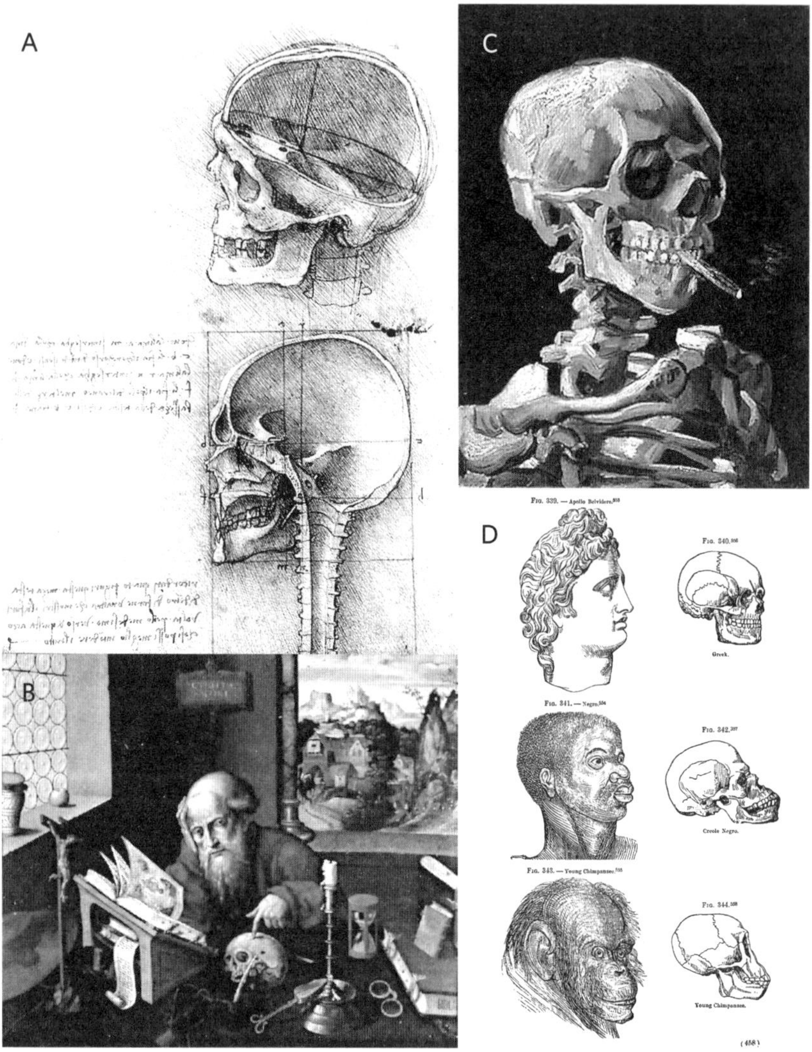

Figure 1. A) Crâne dessiné par Leonardo da Vinci. B) Peinture attribuée à Joos van Cleve ou Joos van der Beke (1485/1490-1540/1541). C) Peinture de Vincent Van Gogh (*Kop van een skelet met brandende sigaret*), 1885-1886. D) Image anonyme (publication 1868) montrant les différences entre les crânes d'un Caucasien (Apollon grec), d'un Africain (nommé « Negro ») et d'un jeune chimpanzé (cette image est reprise dans Stephen Jay Gould, *La Mal-Mesure de l'homme*, Odile Jacob, 1997).

humaines jusqu'à servir de moyen pour faire passer des idées de différences de races (figure 1). Développée dans de nombreuses disciplines, de la médecine à l'anthropologie, la mesure des crânes a toujours tenu une place particulière dans l'histoire de la biologie. Ainsi, la craniologie, cette étude des variations de la forme du crâne humain et de sa comparaison au sein des populations humaines et même avec les autres primates, a été utilisée pour soutenir des thèses sexistes, racistes et même discriminatoires, par exemple à l'égard des personnes considérées comme des criminels-nés. Un des plus éminents neuroanatomistes du XIXe siècle (une région du cerveau porte d'ailleurs son nom) est, sans aucun doute, le célèbre médecin Paul Broca (1824-1880), qui a étudié les caractéristiques morphologiques du crâne pour en postuler les relations avec l'évolution. Il a effectué des centaines de mesures sur des crânes à l'aide de plusieurs appareils qu'il a mis au point dont le goniomètre. De ces travaux de mesures du crâne et d'autres comme la pesée du cerveau, il a malheureusement tiré des conclusions aujourd'hui réfutées sur les relations entre ces résultats et certaines qualités du cerveau traduites sous le terme intelligence, aussi bien entre les sexes qu'entre différentes populations humaines. Cependant, il faut reconnaître le rôle de Paul Broca dans la compréhension des caractéristiques du cerveau.

Depuis les premiers temps de la biologie, l'évolution du crâne a intéressé les scientifiques au travers de disciplines telles que, par exemple, l'anatomie comparée et la paléontologie ou, dès le XXe siècle, à travers des disciplines plus développées comme, entre autres, la morphologie fonctionnelle et la biologie évolutive du développement appelée, de manière raccourcie, l'« évo-dévo ».

Une lente transformation du crâne

Les composants osseux et cartilagineux de la tête des vertébrés se sont transformés au cours de l'évolution. Ils se sont adaptés aux caractéristiques de l'environnement, non seulement en fonction de leur régime alimentaire en milieu aquatique ou terrestre, mais aussi en fonction d'autres contraintes comme les relations sexuelles, la compétition ou la défense. Ils ont notamment subi une évolution remarquable lors du passage par nos lointains ancêtres entre ces milieux, passage encore appelé à tort « conquête du milieu terrestre ». Comme le montre notre histoire, l'impact du régime alimentaire sélectionné au cours de l'évolution n'est pas le seul facteur à influencer les caractéristiques du crâne. Son évolution est en effet le résultat d'une intégration de facteurs extrinsèques (facteurs de l'environnement) et intrinsèques liés à l'histoire des espèces et à leur développement. Au cours de l'évolution, différentes fonctions influencent des caractéristiques de cette structure. Ainsi, la construction de terriers[2] ou de nids, ou encore la présence de systèmes sensoriels (la vision chez les oiseaux et l'écholocation – chez les chauves-souris[3] et les cétacés) jouent un rôle prépondérant qui s'ajoute à la fonction d'alimentation.

Il serait fastidieux de prétendre développer toutes les connaissances relatives à l'origine et à l'évolution de ce crâne, ainsi que la diversité des réponses adaptatives chez les espèces actuelles et fossiles associées à des niches écologiques identifiées dans les paléoécosystèmes qui ont foisonné aux différentes périodes géologiques sur des continents sans cesse en mouvement et des surfaces d'eau changeantes. Un foisonnement d'articles décrivent d'ailleurs cette diversité et son implication dans la multiplicité des comportements alimentaires à travers les dessins anatomiques des traités de zoologie et de paléontologie ou, plus récemment, à travers les données quantitatives obtenues par le développement de l'imagerie et de l'IA qui permet de révéler des secrets encore cachés.

Néanmoins, empruntés au cours de cette aventure évolutive, des exemples remarquables représentatifs des adaptations connues chez les vertébrés aquatiques et terrestres illustreront comment boire et manger ont assuré et assurent la diversité du vivant.

Les fonctions du crâne

Un rôle majeur des os du crâne est de soutenir les mâchoires chez les vertébrés appelés « gnathostomes » (encadré 2)[4].

Des os du crâne entourent la bouche et élaborent une cavité ouverte d'un côté par cette bouche et, à l'opposé, par l'ouverture du système digestif, l'œsophage, au sein du pharynx. *In fine,* tous les aliments solides et liquides passent dans cette cavité dont la forme et, aussi, la mobilité des os sont très variables d'un taxon à l'autre. Pour s'en rendre compte, il suffit de comparer un crâne de mammifère, de l'homme par exemple, avec un crâne d'actinoptérygiens dits « poissons osseux ». Quelle que soit sa forme, le crâne de ces « poissons osseux » est constitué d'un nombre impressionnant de pièces osseuses très mobiles (figure 2). Celui des tétrapodes, tels que les reptiles et les mammifères, humains y compris, est, quant à lui, composé de pièces très peu mobiles ou prou, à l'exception de la mâchoire inférieure, la seule qui bouge quand un mammifère bâille.

Encadré 2. Vertébrés, parenté entre taxons

Présentation schématique et hypothétique des liens de parenté entre les différents taxons de vertébrés. Un taxon est une unité taxonomique qui correspond à un ensemble ou un groupe d'organismes identifiés à un niveau de la classification des êtres vivants et qui possède certaines caractéristiques diagnostiques déterminées.
Cette présentation combine différents arbres évolutifs pour donner une image schématique et synthétique des relations entre différents taxons qui vivaient et vivent en milieu aquatique et terrestre, et à l'interface entre eux.
Le terme « poissons » est utilisé pour décrire des vertébrés, aussi bien les chondrichtyens (dits « poissons cartilagineux »)

tels que les requins, les raies, les silures, que les ostéichtyens (dits « poissons osseux ») tels que le brochet, le bar, le gourami, le poisson archer et même les dipneustes. Il n'est pas question d'oublier que ce terme n'a aucune signification biologique par rapport aux liens existant entre des espèces qui portent des caractères très différents. Il est utilisé pour faciliter la lecture.
Les *Tetrapodomorpha* (*Choanata*) regroupent les sarcoptérygiens parmi lesquels se trouve le cœlacanthe. Ce groupe comporte les ancêtres des tétrapodes et inclut un grand nombre de vertébrés fossiles qui montrent, à des degrés différents, des caractères de type « poissons » et de type « tétrapodes » tels que, entre autres, *Tiktaalik* et *Euthenopteron* illustrés sur la figure. Ces derniers appartiennent à des lignées issues de la branche qui conduit aux tétrapodes. C'est donc au sein de ces *Tetrapodomorpha* que les tétrapodes ont pris racine. Les vertébrés de chaque taxon vivaient et vivent encore en milieux aquatique et terrestre, et à leur interface.
Les taxons qui correspondent à des niveaux taxonomiques différents sont représentés par des abréviations pour la facilité de la lecture : 1, *Agnatha* (absence de mâchoires) ; 2, *Gnathostoma* (présence de mâchoires) ; 3, Ostéichtyes ; 4, *Sarcopterygii* chez lesquels les ancêtres des tétrapodes ont évolué en milieu terrestre ; 5, *Tetradomorpha* ; 6, *Tetrapoda* (dont nos ancêtres humains font partie.
Les taxons terminaux représentés sont : Ac, *Acanthostega* ; Am, Lissamphibiens ; Av, oiseaux (Aves) ch, chondrichtyens, Ac, actinoptérygiens, Cr, crossoptérygiens, Di, Dipneuste ; Eu, *Euthenopteron* ; Ma, Mammalia ; Rp, reptilia ; Ti, *Tiktaalik*, Ic, *Ichtyostega*.
Les taxons qui correspondent à des niveaux taxonomiques différents sont indiqués par des abréviations pour la facilité de la lecture : 1) Agnatha (absence de mâchoires) ; 2) Gnathostoma (présence de mâchoires) ; 3) Ostéichtyes ; 4) Sarcopterygii, chez lesquels les ancêtres des tétrapodes ont évolué en milieu terrestre ; 5) Tetradomorpha ; 6) Tetrapoda (dont nos ancêtres humains font partie).

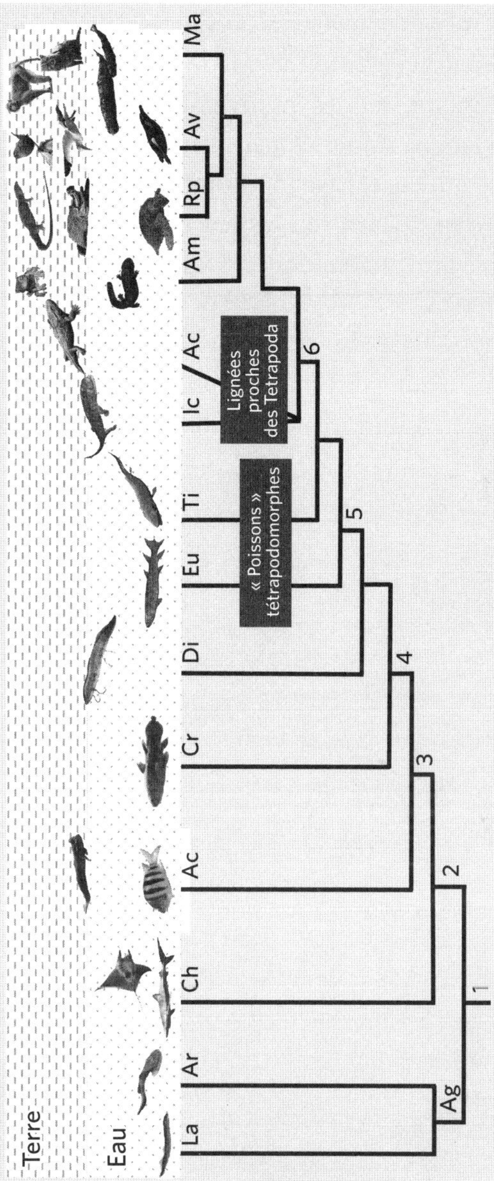

Les taxons terminaux représentés sont : Ac *Acanthostega* ; Am lissamphibiens ; Av oiseaux (*Aves*) ; Ch chondrichtyens ; Ac actinoptérygiens ; Cr crossoptérygiens ; Di dipneuste ; Eu *Euthenopteron* ; Ma *Mammalia* ; Rp *Reptilia* ; Ti *Tiktaalik* ; Ic *Ichtyostega*.

Tous les vertébrés mangent et boivent par deux actions majeures : des déplacements verticaux et/ou de rotation notamment de la mâchoire inférieure et des mouvements du plancher buccal, y compris de la langue soutenue par l'hyoïde. Chez tous les vertébrés, ces structures influencées par de nombreuses fonctions n'ont cessé de se transformer d'abord en milieu aquatique, ensuite lors de la transition entre milieu aquatique et milieu terrestre, et, finalement, en milieu terrestre.

Si la morphologie du crâne évolue, il en est de même des structures qui lui sont directement associées, à savoir les dents. Sa musculature se diversifie également de mille manières au cours de

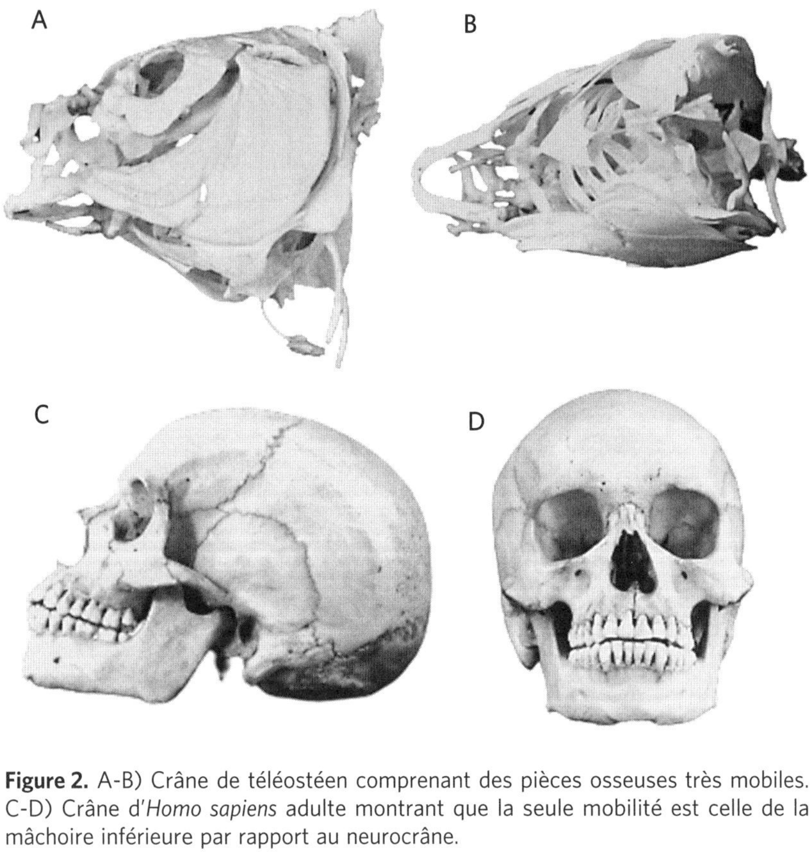

Figure 2. A-B) Crâne de téléostéen comprenant des pièces osseuses très mobiles. C-D) Crâne d'*Homo sapiens* adulte montrant que la seule mobilité est celle de la mâchoire inférieure par rapport au neurocrâne.

l'évolution pour en assurer le fonctionnement le plus optimal. Les variations qui en découlent jouent un rôle primordial non seulement dans l'exploitation des ressources alimentaires disponibles, mais également dans la survie vis-à-vis des prédateurs, des congénères et des concurrents, et même plus encore dans la reproduction. Que ce soit dans leurs dimensions ou leurs formes, les propriétés de toutes ces pièces osseuses et/ou cartilagineuses associées et de l'articulation entre le neurocrâne et la mandibule ou mâchoire inférieure, ainsi que les dents, si présentes, sont liées à leur rôle dans les différentes phases du comportement, de la capture au déchiquetage et à la mastication. La forme des condyles des deux mâchoires inférieure et supérieure, au niveau de leur articulation, joue un rôle majeur dans les phases de transport et de traitement (mastication) des aliments.

Une des évolutions majeures du crâne en milieu terrestre – mais il y en a bien d'autres qui méritent d'être abordées – concerne la transformation de l'articulation de la mâchoire inférieure. Cette transformation entraîne non seulement des variations de sa mobilité, mais a aussi des effets directs sur l'évolution des systèmes sensoriels, en particulier l'audition chez les mammifères (encadré 3). À la base de cette mobilité, la musculature montre également un foisonnement remarquable en termes de variations à différentes échelles : de la cellule musculaire à l'organisation tissulaire. Une telle musculature induit des mouvements complexes de pièces osseuses et cartilagineuses qui ne sont pas limités au comportement alimentaire. D'autres actes, gestes ou encore attitudes, comme les expressions faciales chez les mammifères qui jouent un rôle si important dans la communication non verbale, dépendent ainsi étroitement de la musculature (faciale) de la tête.

La diversité passée et présente du vivant passe donc par les caractéristiques de ce crâne. Le célébrissime écrivain, auteur de Faust et homme politique allemand, Goethe (1749-1832) n'évoque-t-il pas, dans un poème célèbre, le crâne de son ami Friedrich von Schiller (1759-1805), cet autre grand poète du romantisme allemand, comme un « vaisseau mystérieux » ?

Encadré 3. Des reptiles aux mammifères, une articulation qui change et des questions concernant les osselets de l'oreille moyenne

Pour simplifier, les tétrapodes appelés synapsides comprennent les mammifères et les lignées qui, au cours de l'évolution, en sont à l'origine, et les reptiles, appelés sauropsides par certains auteurs, comprennent tous les reptiles fossiles et actuels, y compris les oiseaux[5]. Deux des principales différences ostéologiques du crâne entre les mammifères et les reptiles dont ils dérivent portent sur le nombre d'os qui constituent la mâchoire inférieure ou mandibule et le mode d'articulation de cette dernière avec le neurocrâne. Le neurocrâne et la mandibule s'articulent en effet par des condyles dont la forme varie d'une espèce à l'autre. La mâchoire inférieure des mammifères est constituée d'un seul os, le dentaire, qui porte les dents comme son nom l'indique. Chez les reptiles et les ancêtres des mammifères que sont les reptiles appelés *synapsides*, elle est composée de plusieurs os dont le nombre peut varier de quatre à six chez les lézards et cinq chez les crocodiles, par exemple. Chez ces tétrapodes, un seul osselet est présent dans l'oreille moyenne : l'étrier. En plus de l'étrier, tous les mammifères possèdent plusieurs osselets dans l'oreille moyenne : le marteau, l'enclume et l'os tympanique.

Chez les mammifères, l'articulation implique l'os dentaire constituant la mandibule et l'os appelé *squamosal* faisant partie du neurocrâne. Cette articulation porte le nom d'*articulation temporo-mandibulaire* (ATM) chez l'homme et chez les primates, en général. Chez les reptiles, cette articulation est réalisée par un os du neurocrâne, appelé le *carré*, et un des os de la mâchoire inférieure, nommé l'*articulaire*, qui résulte de l'ossification du cartilage de Meckel présent dans les arcs branchiaux des ancêtres aquatiques des tétrapodes.

Selon une vue classique, au cours de l'évolution des mammifères à partir de leurs ancêtres synapsides, qui a commencé il y a environ 250 à 200 millions d'années (période du Trias), la mâchoire s'est transformée au fur et à mesure comme découvert dans

de remarquables séries de fossiles démontrant cette transition. L'os carré s'est finalement retrouvé dans l'oreille moyenne sous la forme de l'os connu sous le nom d'enclume et l'os articulaire, lui, s'est transformé en marteau. L'incorporation de ces pièces osseuses dans l'oreille moyenne a augmenté la sensibilité auditive des mammifères, notamment aux sons de haute fréquence, une caractéristique qui aurait profité à leur évolution.
Cette transformation de l'articulation est par ailleurs visible au cours du développement embryonnaire chez les mammifères.

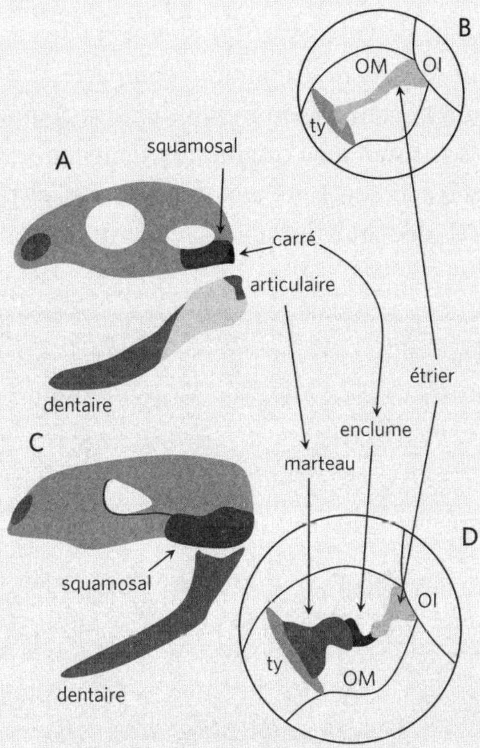

Vues schématiques du crâne et de l'organisation de l'oreille moyenne représentée dans un cercle chez les reptiles (A-B) et les mammifères (C-D). Les flèches indiquent les pièces osseuses qui ont migré du crâne de reptile vers l'oreille moyenne de mammifère. A) crâne de reptile ; B) oreille moyenne de reptile ; C) crâne de mammifère ; D) oreille moyenne de mammifère (OI : oreille interne ; OM : oreille moyenne ; ty : tympan.)

CHAPITRE 2

De l'origine des dents

S'intéresser au comportement alimentaire sans aborder la dentition reviendrait à envisager l'évolution de la respiration sans aborder celle des poumons. Comme le rappelle sa présence sous forme de buste dans la Galerie d'Anatomie comparée du Muséum national d'histoire naturelle de Paris (France), Georges Cuvier (1769-1832), un des pères fondateurs de l'anatomie comparée et de la paléontologie, a été, sinon le premier, du moins l'un des premiers zoologistes et naturalistes à insister sur l'origine des dents en se basant sur les travaux consacrés par son frère aux défenses de l'éléphant : « On a eu longtemps l'idée que les dents étaient des os ; qu'elles se

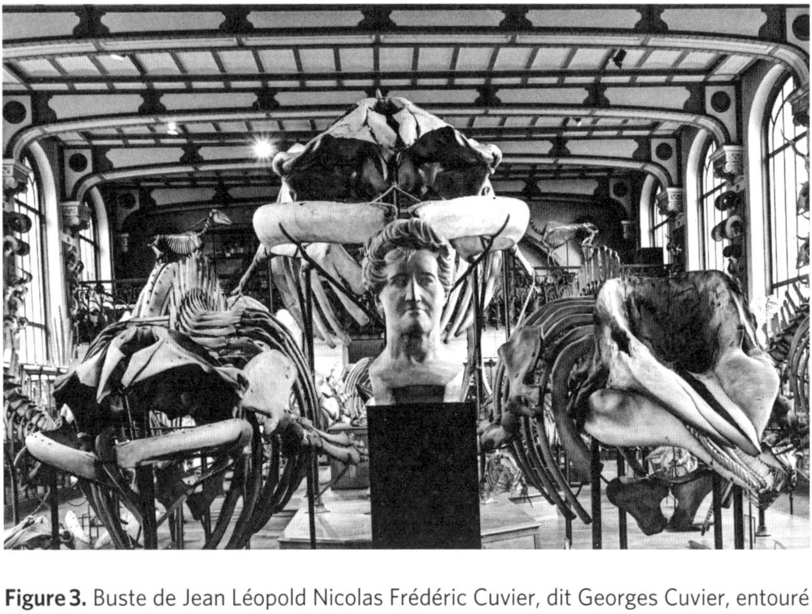

Figure 3. Buste de Jean Léopold Nicolas Frédéric Cuvier, dit Georges Cuvier, entouré de squelettes de cétacés dans la Galerie d'Anatomie comparée du Muséum national d'histoire naturelle (Paris, France).

produisaient de même, et avaient la même structure. Ce n'est guère que depuis les recherches de mon frère sur les dents d'éléphant, que cette idée paraît être abandonnée[1] » (figure 3).

Les dents sont une des innovations clefs de l'évolution des vertébrés à mâchoires ou gnathostomes. Leur position dans la cavité buccale varie puisqu'elles peuvent être présentes sur les mâchoires inférieures ou supérieures chez les mammifères, ou encore au niveau des mâchoires et des arcs branchiaux qui forment le plancher du pharynx chez de nombreuses espèces de poissons. Il y a plus de 500 millions d'années, les premières structures en forme de dent se situent d'ailleurs dans la bouche d'organismes souvent appelés « poissons sans mâchoires », comme les myxines et les lamproies. Au cours de l'évolution des vertébrés, ces dents se sont développées en différents points de la gueule pour finalement migrer sur les mâchoires supérieures et inférieures qui entourent la bouche.

D'où viennent nos dents ?

Si les constituants des différents types de dents que nous nous efforçons de brosser régulièrement pour en assurer la viabilité sont bien connus, leur origine l'est beaucoup moins. Schématiquement, tissu inerte et non innervé, l'émail qui recouvre la couronne de la dent est le plus minéralisé des tissus. Ce tissu comporte une structure prismatique orientée perpendiculairement à sa limite avec la dentine, région appelée « jonction dentine-émail » ou « amélo-dentinaire ». Il recouvre ainsi la dentine qui constitue la masse principale de la dent d'une trame partiellement organique qui ne comporte aucune cellule différenciée (au contraire de l'os). Provenant de cellules situées en périphérie de la masse de tissu conjonctif vascularisé, appelée « pulpe dentaire », sa structure poreuse est parcourue par des canalicules dans lesquels circulent des fibres sensitives. Le cément qui se comporte comme un matériel osseux est quant à lui un tissu conjonctif minéralisé qui recouvre toute la surface externe de la racine de la dent formée de dentine. Il optimise la fixation de la dent dans son alvéole en assurant la fixation sur la dentine de fibres issues du ligament alvéolo-dentaire ou ligament desmodontal. Ce tissu conjonctif dense qui entoure la racine de la dent se situe entre le cément et l'os alvéolaire dans lequel la dent est enchâssée.

Une hypothèse de la formation des dents, appelée *dehors-dedans* (hypothèse *outside-in*), postule qu'elles ont évolué à partir de denticules cutanés dérivés de l'ectoderme, cette couche de tissu qui forme l'épiderme (la peau et ses phanères comme les poils et les plumes) et le système nerveux. Les dents et les écailles montrent ainsi un même mode de développement jusqu'au niveau du contrôle génétique et démontrent que les écailles apparaissent avant les dents au cours de l'évolution des vertébrés. Une autre hypothèse intitulée *dedans-dehors* (hypothèse *inside-out*) propose que dents et écailles suivent des évolutions différentes. Elle suggère que les dents proviennent de l'endoderme, ce tissu qui entoure le tube digestif dont le pharynx. Les dents pharyngiennes présentes chez les vertébrés sans mâchoires se seraient déplacées vers l'avant de la bouche en association avec le développement des mâchoires. Toutefois, l'utilisation de différentes approches génétiques montre que les dents de forme variable, qu'elles soient situées sur les mâchoires ou qu'elles soient pharyngiennes, pourraient avoir des origines tissulaires différentes. Cette hypothèse repose sur des observations réalisées sur des amphibiens, chez qui les dents peuvent se développer de l'ectoderme, de l'endoderme ou d'un mélange des deux types de tissus[2]. Pour la médecine chinoise, par exemple, les dents seraient une extension du système rénal, maître du système « Eau » qui gère les tissus osseux, dont elles feraient partie. Mais que cela soit clair : os et dents n'ont rien à voir !

Vu leur diversité en termes de nombres, de formes, de spécialisations de leur surface, de leurs insertions dans les os, de leur croissance et de leur mode de remplacement, les dents, à elles seules, mériteraient également un volume. Par exemple, la dentition des élasmobranches présente un phénomène remarquable de perte continue (figure 4). Ainsi, chez le grand requin blanc qui peut atteindre

6 mètres de long, plus de 3 000 dents sont organisées sur 5 rangées. Au cours de sa vie, compte tenu de leur perte continue, un tel animal peut produire plus de 20 000 dents ! Les différentes formes de dents ne sont pas propres aux mammifères. Chez certains ostéichtyens, les dents peuvent également prendre des formes variées : du type « incisive » au type « molaire », par exemple.

Des formes et des fonctions

Cette spécialisation dentaire peut être associée à une des phases du comportement alimentaire, la capture de proies vivantes. Il en est ainsi des dents à venin chez des serpents, ou encore des canines des tigres à dent de sabre qui jouaient un rôle majeur dans leurs techniques de tuer. Chez les mammifères, une des innovations majeures expliquant leur radiation évolutive à la suite de la disparition des dinosaures est celle de la dent appelée troposphérique. Cette dent extraordinaire présente des cuspides supérieures organisées en triangle. Elle est enchâssée par sa racine dans l'os[3]. Elle n'a rien à voir avec les dents des reptiles, bien que ces dernières montrent quelques spécialisations. La forme de ces dents conduit à une séquence symétrique d'éversion et d'inversion de la rangée des dents supérieures et inférieures qui assure leur emboîtement ou occlusion discutée plus loin. De même, l'articulation entre la mandibule et le neurocrâne a évolué pour faciliter la mobilité de cette dernière, en lien avec des transformations du palais et de la musculature adductrice de la mandibule. Ces dents peuvent être séparées par un espace plus ou moins grand appelé *diastème.* Il est particulièrement développé chez les mammifères herbivores. Ainsi les dents utilisées pour « prendre » la nourriture sont-elles séparées de celles qui agissent pour la transformer.

Aquatiques et terrestres, ces vertébrés montrent une énorme diversité de formes et de fonctions des dents qui se traduit par leur hétérodontie[4]. Leurs dents servent à capturer, à tuer, à déchirer et

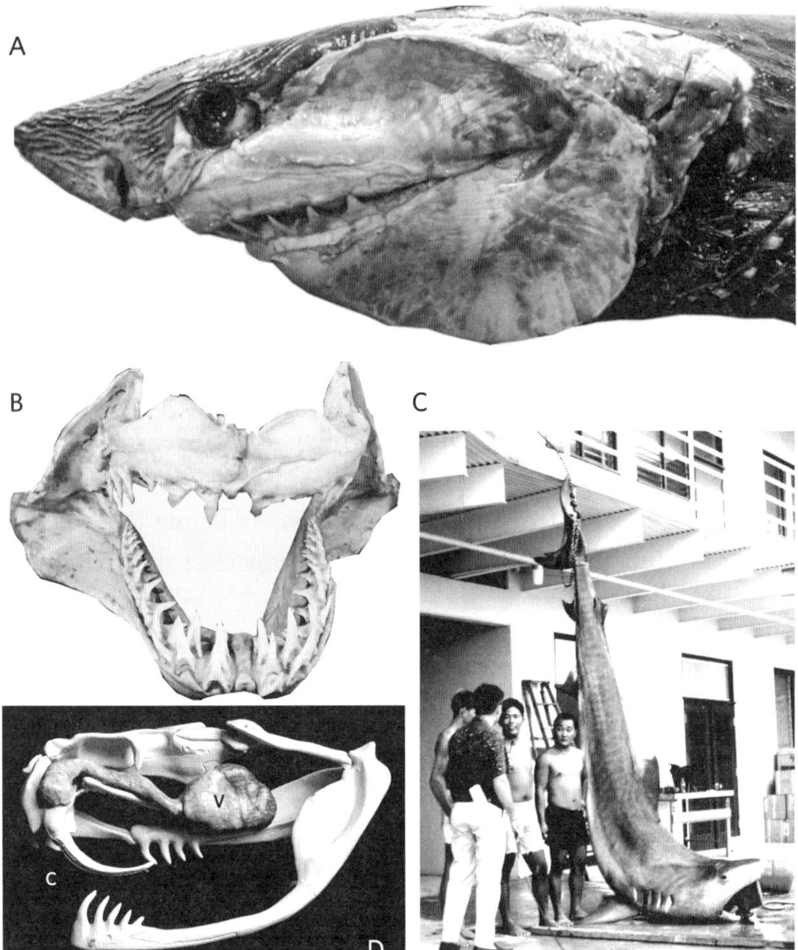

Figure 4. A-B) La dentition des requins est extrêmement variée. Elle est constituée de rangées de dents qui glissent de l'arrière vers l'avant pour être finalement perdues. C) La surpêche des requins constitue un danger qui doit absolument être maîtrisé pour éviter la raréfaction de dizaines d'espèces dont certaines ont déjà disparu. D) Exemple de dentition chez un serpent venimeux (c : crochet lié à la glande à venin ; v : glande à venin).

à mastiquer des aliments aussi différents que des proies vivantes ou mortes et des végétaux. Pour mémoire, mastiquer n'est pas le propre des mammifères : certains reptiles le font. Des salamandres mastiquent même avec des dents réparties à différents endroits du neurocrâne[5] ! Pour imager l'évolution du rôle de ces dents, il suffit de comparer la dentition des mammifères herbivores à celle des carnivores, du point de vue tant de leur forme que de leur surface de contact avec les aliments (figure 5). Certaines régions dentaires sont séparées les unes des autres par un espace appelé diastème dont le rôle reste débattu. Chez les carnivores, ce diastème sépare les canines des molaires. Chez les herbivores – le cheval et le tapir, par exemple –, il sépare les incisives de la zone des molaires. Les régions fonctionnelles des dents sont donc séparées : les incisives servant, la plupart du temps, à arracher et/ou à couper, et les molaires, à broyer. Même s'ils sont généralement plus grands, les herbivores qui broutent (*browser* en anglais) possèdent des diastèmes plus courts que ceux qui paissent (*grazer* en anglais). La longueur du diastème pourrait donc être une simple conséquence de leur plus grande taille. Pourtant, des bovidés africains qui paissent la majorité du temps et qui sont plus petits possèdent un long diastème.

N'oublions pas que les primates – dont nous sommes – et les rongeurs ont évolué à partir d'un ancêtre commun qui possédait sans doute un ensemble complet de dents comprenant trois incisives, une canine, quatre prémolaires et trois molaires. Au même titre que la bipédie, cette évolution du crâne et de sa dentition a toujours constitué une des thématiques majeures dans la compréhension de l'évolution humaine. Une aide est apportée par l'étude des traces laissées sur l'émail des dents qui permettent de mettre en évidence l'impact des caractéristiques de l'alimentation et, par exemple, de déterminer la texture des aliments. D'autres facteurs, comme les développements technologiques, la chasse et les techniques de transformation alimentaire – par exemple par la cuisson –, ont également eu différents effets sur les caractéristiques des dents dans les populations humaines. L'impact du développement de l'agriculture sur ces caractéristiques, au niveau tant de leur forme que de leur état ainsi que de leur transformation chez les humains actuels par suite d'une alimentation bien particulière, démontre encore davantage les interactions entre la dentition et l'alimentation lors de notre propre évolution au sein des primates[6].

Les dents jouent un rôle majeur dans l'alimentation, et ce chez tous les vertébrés aquatiques et terrestres. Ne sont présentées ici que quelques spécialisations même si elles sont une des clefs de la diversité des comportements alimentaires et du rôle des différentes espèces au sein des communautés hébergées dans les différents écosystèmes. Notons par exemple que certaines dents se sont spécialisées en association avec des glandes particulières pour tuer les proies vivantes : les dents de certains lézards et de serpents venimeux en sont des exemples remarquables[7]. D'autres se sont modifiées pour optimiser la transformation des aliments et faciliter leur digestion. Rappelons que ces spécialisations peuvent également jouer un rôle majeur dans le succès des espèces invasives qui constituent de plus en plus un facteur de déséquilibre des écosystèmes.

CHAPITRE 3

Des dents… pas seulement pour manger

De la construction de terriers chez les rongeurs tels que les rats nus d'Afrique du Sud au rôle de défenses contre des prédateurs en passant par la communication sexuelle et la transformation de l'habitat – par exemple, chez les castors, les dents jouent un rôle essentiel dans des activités autres que le manger. Ainsi, chez ces rats nus, tout en réduisant l'ingestion des matériaux déplacés, leur émergence vers l'avant leur permet de creuser ces galeries de plus de 5 kilomètres dans lesquelles ils passent leur vie.

Les canines montrent souvent un dimorphisme sexuel très marqué. C'est le cas chez de nombreux primates comme les gorilles. Lorsqu'elle est plus marquée au sein des couples ou des groupes de primates, la défense contre les prédateurs est sans doute un des facteurs qui a modulé un tel dimorphisme lié à la sélection sexuelle, comme l'a suggéré Charles Darwin dans sa théorie de la *sélection sexuelle*, un des mécanismes de l'évolution conduisant à des différences morphologiques, physiologiques et comportementales entre les sexes[1].

Se défendre, attaquer… communiquer

Utiliser ses dents pour mordre est un des moyens les plus employés pour communiquer, agresser et… séduire. Ainsi, en lien avec la force de morsure qui varie selon le niveau dentaire auquel elle est mesurée, les caractéristiques des dents sont fortement impliquées dans les résultats de la morsure chez tous les vertébrés. Toutefois, mordre

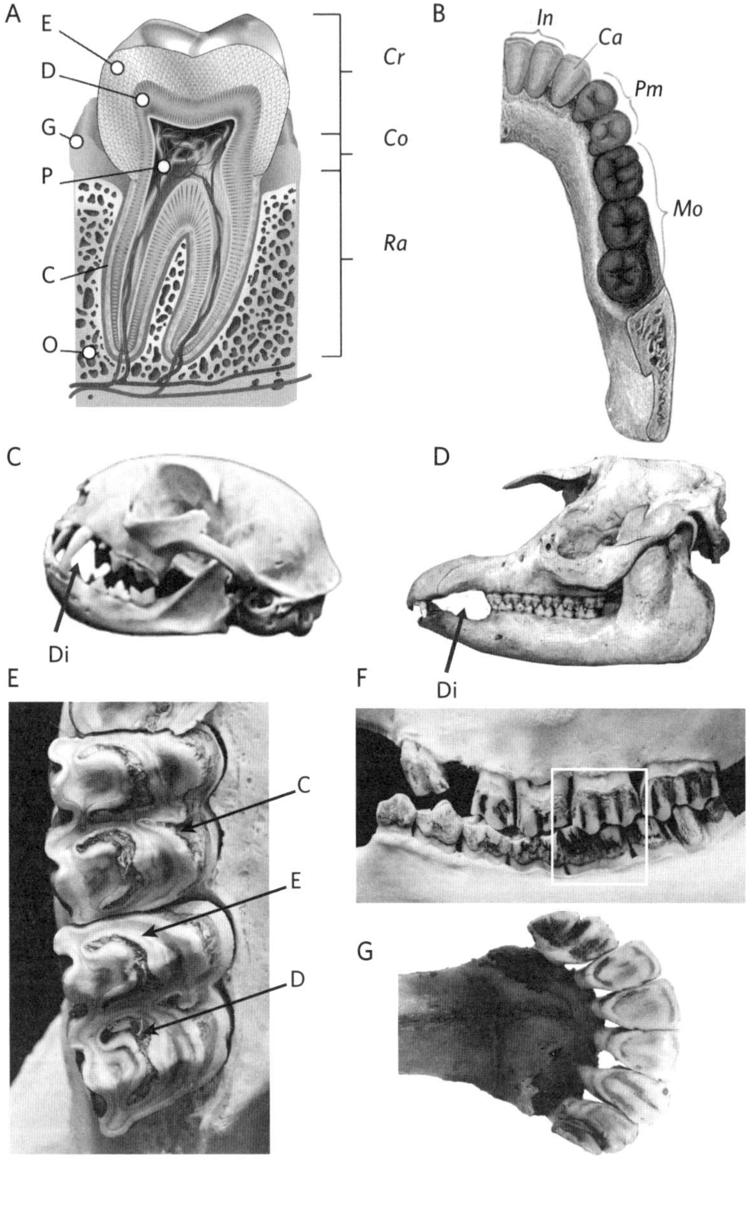
A
E
D
G
P
C
O
Cr
Co
Ra
B
In
Ca
Pm
Mo
C
Di
D
Di
E
C
E
D
F
G

n'est peut-être pas toujours nécessaire : utiliser les dents comme signal visuel pour transmettre une information sociale, vraie ou fausse, n'est-il pas plus avantageux ? Le risque est moindre. « Montrer les dents », « dent pour dent », « avoir les dents qui rayent le plancher », autant d'expressions qui relient notre dentition à l'expression faciale, utilisée pour communiquer, thème déjà abordé par Charles Darwin (1809-1882). Dans son ouvrage *L'Expression des émotions chez l'homme et les animaux* publié en 1872, il lie de telles expressions de la face avec les émotions ressenties. Cet ouvrage a sans doute été à la base du développement de la psychologie évolutive et de l'éthologie comparée portant sur l'évolution des postures et des gestes. Charles Darwin y abordait, de manière comparative, l'évolution des expressions faciales chez l'homme et chez les autres animaux, les primates en particulier, y compris le sourire et le rire qui impliquent les dents et les lèvres, deux éléments de notre tête. Néanmoins, il ne disposait pas alors des connaissances sur la morphologie et sur le fonctionnement de la face des vertébrés. Par exemple, dénuder les dents pour les exhiber, en particulier celles de la mâchoire supérieure, nécessite de relever la lèvre, comme c'est le cas lors de super-sourires. Cette expression faciale du sourire au rire se rencontre chez un grand nombre d'espèces de mammifères, des rongeurs aux primates – l'homme y compris –, dans différentes situations comportementales, de l'agression à l'apaisement en passant par l'expression de la peur, de la joie et de différentes formes de communication au cours

◄ **Figure 5.** Représentations de la dentition et de ses transformations chez différents mammifères en lien avec le régime alimentaire ou différentes fonctions. A) Éléments principaux d'une dent de mammifère. B) Succession schématique des dents chez les primates. C-F) Exemples de la diversité de crâne et de leur dentition de mammifères. C) Dentition d'un carnivore (le chat). D) Dentition d'un herbivore-frugivore (le tapir). E) Vue de la surface des molaires chez un herbivore (une antilope). F) Vue latérale de l'occlusion entre les molaires supérieures et inférieures chez un omnivore (primate gorille) soulignée par le rectangle. G) Incisives en forme de peigne de la mâchoire inférieure de la girafe. (C : cément ; Ca : canine ; Cr : couronne ; Co : cou ; D : dentine ; Di : diastème ou régions allongées de la mandibule sans dent ; E : émail ; G : gencive ; Mo : molaire ; O : os ; P : pulpe comprenant les vaisseaux sanguins ; Pm : prémolaire ; Ra : racine.)

du jeu[2]. Cette fonction de communication sculpte donc les caractéristiques des dents.

En outre, chez des mammifères, les dents jouent un rôle très particulier lors du toilettage, qui a une fonction de communication extrêmement importante. Ainsi, les incisives, les canines et les prémolaires basculent vers l'avant pour former une sorte de peigne chez les lémuriens ; ce peigne dentaire leur permet non seulement de se toiletter, mais également de toiletter d'autres partenaires, créant ainsi des liens sociaux extrêmement importants du point de vue de la cohésion des groupes d'individus.

Une dent très particulière

Des mammifères terrestres – comme les éléphants et des phacochères – et aquatiques – comme les morses – racontent une histoire évolutive particulière de certaines de leurs dents transformées en défense. Cette histoire est très proche : récemment, des chercheurs ont en effet montré que ces défenses étaient liées au développement d'une structure appelée gomphose associée à un remplacement réduit des dents, même si les unes proviennent de la transformation d'incisives chez l'éléphant, et les autres, de celle de canines chez le morse ou encore chez différentes espèces de *Suidae* (porcs) comme le phacochère (figure 6).

Les dents sont également sensibles à des facteurs de l'environnement. Leur rôle d'organe sensoriel n'est donc pas négligeable, comme c'est le cas chez le narval dont les 80 000 individus de la zone arctique représentent les trois quarts des populations actuelles. Les mâchoires de ces cétacés ne portent aucune dent ! Le plus souvent présente chez les mâles (certains en possèdent même une paire !), une longue canine (et non une incisive) s'est développée de manière asymétrique. Elle peut atteindre 3 mètres et peser 10 kilos chez un animal dont la longueur est d'environ 4 mètres. Cette dent qui pousse en transperçant horizontalement la lèvre supérieure au lieu

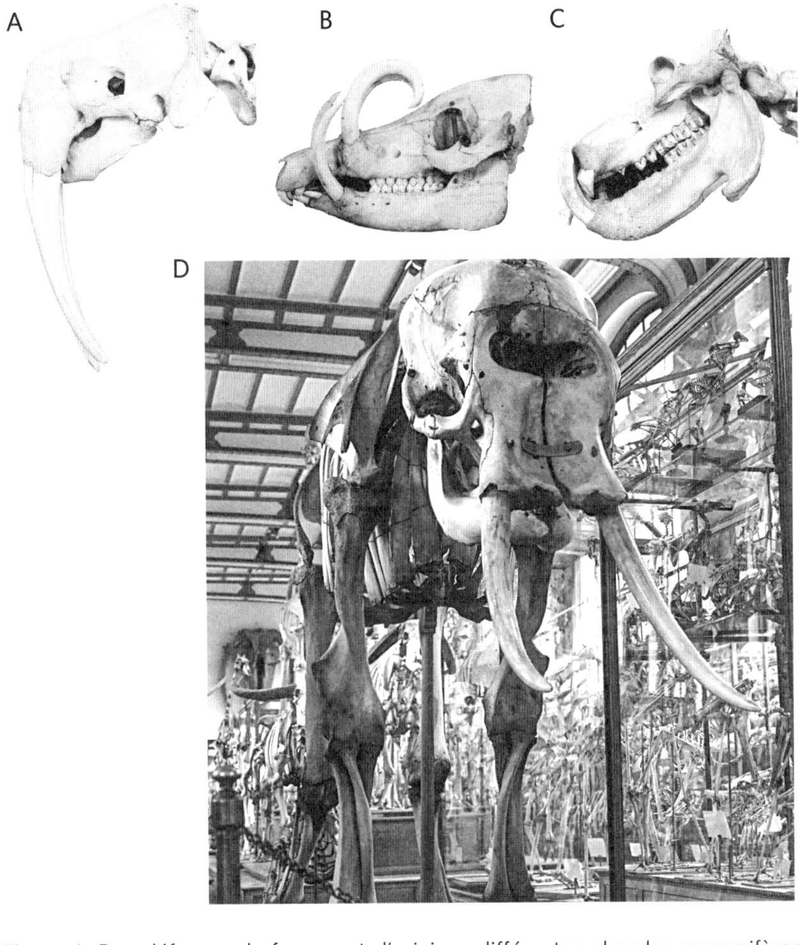

Figure 6. Des défenses de formes et d'origines différentes chez les mammifères. A) Canines du morse. B) Incisives de l'hippopotame. C) Canines du phacochère. D) Défenses d'éléphant d'Afrique.

de la repousser est en fait la corne de la licorne, cet animal fabuleux du bestiaire du Moyen Âge, le plus souvent vendue comme ayant le pouvoir magique de purifier l'eau[3]. Elle figurait même dans le trésor des rois de France. Cette dent possède surtout des propriétés sensorielles très fines pour détecter la présence de proies ou encore de partenaires sexuels potentiels chez les deux sexes. Elle pourrait aussi jouer un rôle non négligeable dans la sélection sexuelle chez ces cétacés. Elle est en outre torsadée dans le sens opposé à celui d'une vis, à savoir vers la droite. Une telle disposition spiralée lui permet de croître horizontalement de manière rectiligne tout en lui conférant une forme hydrodynamique et en augmentant sa surface de contact avec l'environnement marin.

Sa structure est complètement inversée par rapport aux dents des autres mammifères : le cément poreux qui recouvre la dentine se retrouve en contact avec le milieu extérieur. Il est criblé de millions de canaux qui se prolongent en tubules dans la dentine, laquelle renferme une terminaison nerveuse qui serait susceptible d'identifier des gradients de salinité et de température (figure 7).

A

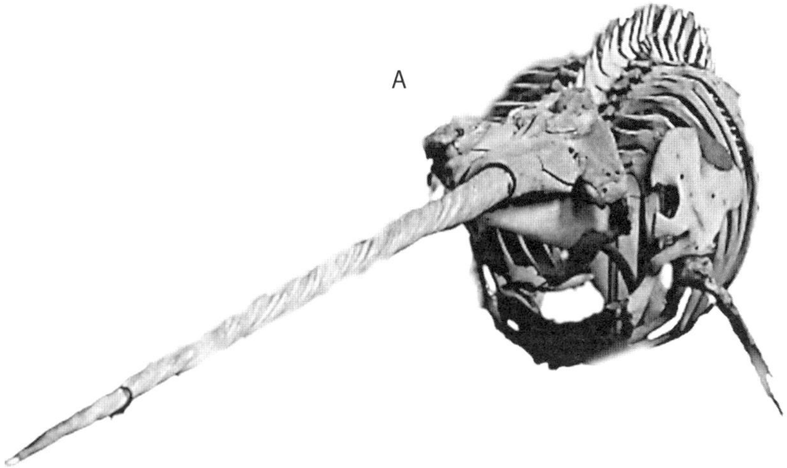

B

Figure 7. La défense du narval. A) Vue frontale de la défense (canine gauche) d'un narval. B) Une des tapisseries de *La Dame à la Licorne* réalisée au début de la Renaissance française et conservée au musée de Cluny-Musée national du Moyen Âge, à Paris.

CHAPITRE 4

Le bec des oiseaux et des tortues : rhamphothèque et perte des dents

Au cours de l'évolution, des tétrapodes ont perdu leurs dents, en particulier les chéloniens, des reptiles disparus, et d'autres plus récents : les oiseaux. Ce phénomène s'appelle l'*édentulisme* (figure 8). Le bec des oiseaux – qui dérivent d'un groupe de dinosaures théropodes appelés maniraptoriformes – est caractérisé, d'une part, par la présence d'une couche de kératine de forme très différente appelée *rhamphothèque* et, d'autre part, par la perte des dents, même si les bords de cette rhamphothèque pourraient faire croire qu'il en porte. La rhamphothèque et la perte de dents pourraient permettre de dissiper les contraintes biomécaniques exercées lors de l'utilisation du bec et, ainsi, diminuer son fléchissement et son déplacement en assurant une meilleure stabilité. Il en est de même de la structure interne du bec.

L'origine du bec édenté des oiseaux actuels a longtemps été considérée comme une adaptation à l'écologie, alors que d'autres mécanismes tels que des facteurs de développement en sont également responsables. Ces deux approches ne sont pas mutuellement exclusives pour expliquer ces caractéristiques uniques du bec. D'ailleurs, pour certains auteurs, la perte de dents serait un effet secondaire d'une croissance rapide des embryons et, donc, d'une incubation plus courte. Ce bec peut être allégé par sa structure interne osseuse trabéculaire en forme de « mousse » et peut se développer en différents types de casque. Ainsi, chez le toucan, son énorme bec ne représente pas plus de 5 % de sa masse corporelle. Sa structure en « sandwich » lui permet de présenter une résistance marquée à la flexion, alors que, chez le calao, la même caractéristique permet à l'animal de résister à une charge dans l'axe de son bec[1].

Le bec : une multiplicité de formes et d'usages

La diversification de la forme du bec a permis aux oiseaux de rayonner à la suite d'une des grandes extinctions qui s'est déroulée il y a 66 millions d'années à la période K-T (Crétacé-Tertiaire ou Crétacé-Paléogène). Elle est sans doute le résultat d'une évolution du crâne appelée *évolution en mosaïque* : ses caractéristiques morphologiques sont à la fois ancestrales – proches de celles de leurs ancêtres dinosaures – et dérivées – modifiées sous différentes contraintes alimentaires et autres. En fait, selon les espèces, le crâne comporte sept régions anatomiques qui peuvent évoluer indépendamment et à différentes vitesses appelées taux d'évolution[2]. Cette disparité est probablement due à l'origine cellulaire de ces régions au cours du développement.

Plus précisément encore, pour démontrer la diversité du bec chez ces tétrapodes, prenons l'exemple de celui des oiseaux migrateurs appelés *limicoles*. Ces oiseaux, qui vivent dans des zones côtières du monde entier, à un moment de leur cycle de vie montrent le rôle des liens entre l'évolution de la forme du bec et les adaptations écologiques qui en résultent pour chasser des proies situées dans différentes niches de l'environnement marin. Quoique limité par essence, cet exemple montre la nécessité de prendre en compte très rapidement et efficacement, sans se perdre dans des discussions vaines et inutiles, la protection de la biodiversité et des écosystèmes pour assurer non seulement la survie, mais, si encore possible, l'épanouissement de ces populations animales aux propriétés extraordinaires. En effet, une des espèces d'oiseaux les plus en danger est le bécasseau à bec de spatule qui vit dans une des mers

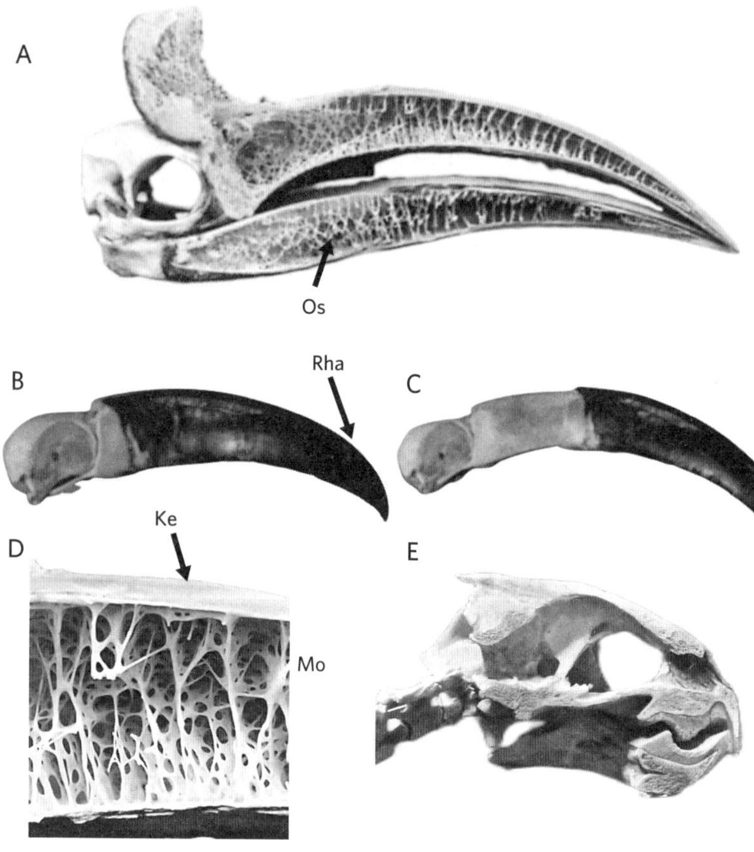

Figure 8. Édentulisme chez les oiseaux actuels (A-D) et les tortues marines (E). La rhamphothèque forme un manchon autour de l'os (B-C). Chez les oiseaux (A et D), les os, et même les protubérances comme le casque des calaos (A), sont allégés par leur structure osseuse trabéculaire qui constitue une sorte de mousse recouverte d'une fine couche d'os lamellaire. D) Grossissement de la mâchoire supérieure d'un calao. (Ke : couche de kératine constituée de fines lamelles ; Mo : « mousse osseuse » ; Rha : rhamphothèque.)

de Chine la plus polluée par l'homme : la mer Jaune. Représenté seulement par quelques dizaines de couples à l'heure actuelle, il migre entre la toundra en Russie et les côtes de la mer Jaune ravagées par des activités humaines qui ne cessent d'augmenter : qu'elles soient commerciales ou agricoles (aquaculture notamment), elles ont déjà modifié plus de 60 % de la surface.

Darwin et les pinsons

Une image de l'évolution du bec en lien avec le régime alimentaire est donnée au travers de l'histoire extraordinaire des pinsons des îles Galápagos qui font l'objet de très nombreuses recherches. Celles-ci reposent notamment sur les travaux de Charles Darwin explicités dans son fameux ouvrage *De l'origine des espèces* publié le 24 novembre 1859 dont le titre complet est *On the Origin of Species by Means of Natural Selection, or the Preservation of Favoured Races in the Struggle for Life.* Pour mémoire, cet ouvrage, publié par l'éditeur écossais John Murray qui fonda sa maison d'édition en 1768, faisait suite aux observations réalisées à travers le monde et lors de son voyage sur le *Beagle* (1831-1836), ainsi qu'à l'inspection de collections d'organismes variés rapportés de cette expédition et à des expérimentations, notamment sur les pigeons qu'il élevait.

Parmi les vertébrés étudiés dans les îles dans lesquelles Darwin séjourna, notamment aux Galápagos, il étudia en particulier, les pinsons appelés désormais « pinsons de Darwin[3] ». Ces oiseaux dont l'origine reste discutée vivaient alors dans des îles peu peuplées par l'homme. Ils ont été particulièrement étudiés par deux remarquables scientifiques, Peter et Rosemary Grant, depuis les années 1970[4]. Ces oiseaux occupent des niches alimentaires qui varient non seulement d'une région à l'autre, mais aussi au sein d'une même région, en fonction de variations climatiques très irrégulières (figure 9). Celles-ci sont notamment dues à des phénomènes bien connus tels que El Niño qui apporte un surplus de pluviosité et La Niña qui augmente

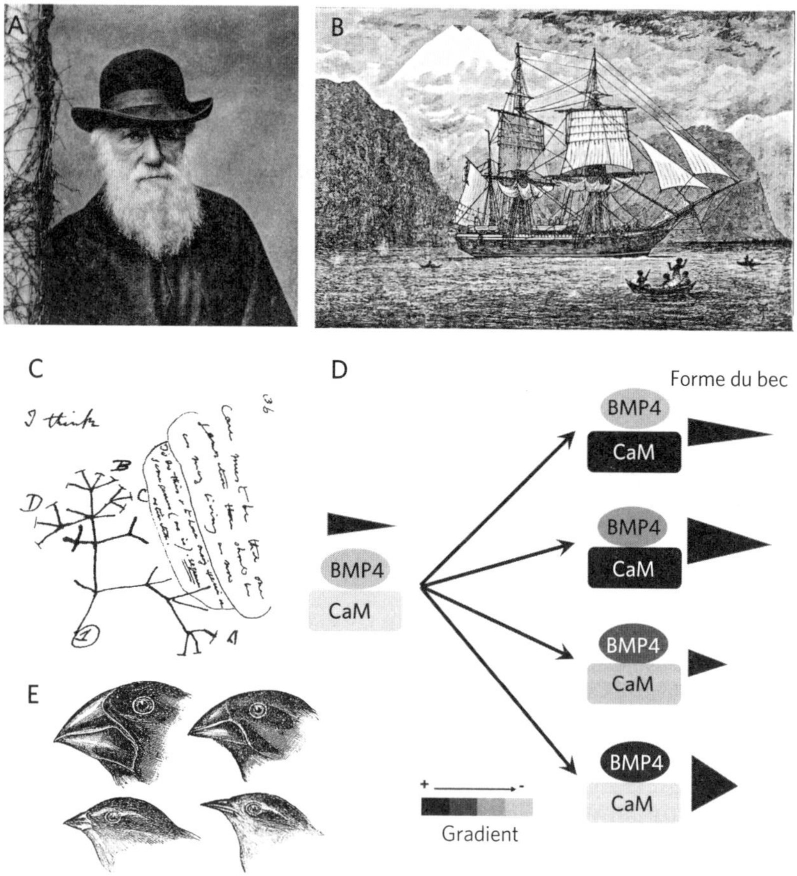

1. Geospiza magnirostris.
2. Geospiza fortis.
3. Geospiza parvula.
4. Certhidea olivasea.

les périodes de sécheresse. Certains auteurs ont même utilisé la notion connue en viticulture de terroirs variés pour démontrer le rôle de l'environnement local sur les caractéristiques phénotypiques du bec de ces oiseaux[5]. À l'heure actuelle, le peuplement des îles et l'impact touristique modifient les populations de pinsons et leurs comportements. Par suite de l'urbanisation forcée des Galápagos, pour des raisons qui restent à clarifier, les pinsons préfèrent la nourriture humaine[6]. L'activité humaine influence d'autres aspects du comportement de ces oiseaux. Ainsi, les pinsons qui vivent dans des zones urbaines plus denses sont plus agressifs et modifient leur chant qui s'uniformise[7].

Scrutés depuis des dizaines d'années, ces oiseaux constituent, en dépit des dérives observées à la suite de l'impact humain, un exemple classique pour comprendre l'évolution de la diversité morphologique du bec et de l'écologie alimentaire ou non, au cours de ce qui s'appelle une radiation adaptative[8]. Les pinsons de Darwin qui vivent sur les îles Galápagos et ceux qui résident sur les îles Cocos dérivent sans doute d'une espèce ancestrale provenant du continent américain. Ils sont caractérisés par des formes de bec différentes, d'une longueur de 10 à 20 centimètres. La morphologie du bec est une réponse adaptative à différents régimes alimentaires, notamment la taille et la texture des aliments, et à la compétition. Cette dernière peut aussi intervenir dans l'isolement reproductif, notamment par la forme des sons caractéristiques que chaque type de bec peut produire[9]. Cette

◀ **Figure 9.** A) Charles Darwin (portrait signé par lui-même réalisé par Messers, Elliott and Fry en 1881. Cette photo a été publiée par son fils Francis Darwin en 1908) a voyagé durant cinq ans sur le *Beagle* à travers le monde (B). Il a ensuite construit sa théorie de la sélection naturelle en réfléchissant sur l'organisation buissonnante du vivant (C). Sa théorie a été publiée en 1859 dans son ouvrage mondialement connu sous le nom *De l'origine des espèces*. Il a décrit la diversité de forme du bec des pinsons (E) présents sur les îles Galápagos (dessins de John Gould, 1804-1881). Cette diversité de becs est représentée par les triangles plus ou moins longs et épais (D). À la suite de dépôts de protéines BMP4 et CaM selon des gradients différents, comme l'indiquent les nuances de gris, chaque bec a une forme qui lui est propre. Ainsi sont expliquées les formes de bec observées chez différents types de pinsons illustrés par John Gould (E).

forme peut être représentée par trois dimensions : longueur, largeur et épaisseur. Dans les années 2000, des chercheurs ont associé les deux paramètres indépendants de la forme du bec que sont le rapport largeur/épaisseur et la longueur à des dépôts de deux protéines : la BMP4[10], une protéine intervenant dans la morphogenèse de l'os, et la calmoduline (CaM), impliquée dans la régulation cellulaire du calcium (ion Ca^{++})[11]. Bien que ces travaux soient en plein développement, ils ont démontré que des formes de bec permettant d'exploiter différentes ressources alimentaires peuvent être, tout au moins partiellement, expliquées par le rapport de ces deux protéines. Chaque radiation des formes de bec, identifiée par leur géométrie (leur courbure, par exemple) et leur dynamique (type de pince qu'ils forment, par exemple), peut être mise en relation avec le régime alimentaire et leur changement rapide dû aux conditions climatiques[12].

CHAPITRE 5

La langue

Le plancher de la cavité orale comporte un organe extraordinaire : la langue. Même si une sorte de langue est présente sur le plancher buccal des « poissons », le développement de cet organe a, sans aucun doute, joué un rôle primordial, voire essentiel dans l'évolution et la radiation de toutes les lignées de tétrapodes[1]. Sans elle, la vie en milieu terrestre se serait limitée à se reposer, se réchauffer ou encore se reproduire, mais non se nourrir comme le font de nombreux oiseaux et pinnipèdes (phoques et otaries) qui chassent dans l'eau.

Un organe unique

Essayez de manger sans votre langue ! Cet organe est indispensable pour effectuer les différentes phases du comportement alimentaire, de la transmission d'informations sensorielles – le goût, par exemple – à la manipulation, et à la déglutition des aliments qu'elle transporte.

Tous les tétrapodes possèdent une langue plus ou moins spécialisée, mobile et déformable. Chez des vertébrés terrestres, elle peut même intervenir dans la capture des aliments et, ainsi, être absolument nécessaire pour se nourrir. En effet, de très nombreuses espèces, des amphibiens aux mammifères, l'utilisent pour saisir leur nourriture, des proies vivantes et mobiles, comme certaines salamandres et les caméléons, et jusqu'à du matériel de nature végétale – feuille de toutes sortes et fruits –, qui ont pourtant développé des stratégies pour échapper à leur prise. Pour s'en convaincre, il suffit de comparer l'utilisation de la langue du lézard, de la tortue, du perroquet, du cheval, du tapir et de la girafe (figure 10). Elle joue alors le rôle

Figure 10. Diversité de la prise de la nourriture par la langue chez différents tétrapodes terrestres. A) *Ara ararauna* (psittacidé). B) *Tiliqua scincoides* (lézard). C) *Giraffa camelopardalis* (girafe). D) *Tapirus terrestris* (tapir dit « terrestre » d'Amérique du Sud).

majeur dans toutes les manipulations intrabuccales de la nourriture chez tous les vertébrés terrestres même si elle s'est spécialisée pour capturer les proies. L'exemple du caméléon est illustratif : grâce à une langue extensible, il ramène sa proie dans la gueule. Avec le même organe, il en assure la transformation, son transport et sa déglutition.

Dans nos cultures, le rôle de la langue est souvent mis en évidence dans la prédation ou dans l'entretien du corps. Ainsi, dans de très nombreuses représentations d'animaux de l'Antiquité à nos jours, en passant par des tombes étrusques de Tarquinia, les tapisseries flamandes du XVIe siècle et les représentations aux frontons de la Galerie d'Anatomie comparée du Muséum national d'histoire naturelle de Paris, la langue est présente dans ces situations (figure 11). Souvent, elle illustre les caractéristiques d'espèces animales que l'époque tient pour « exotiques ».

En outre, dans de nombreuses civilisations, elle est bien mise en évidence au travers de représentations d'animaux extraordinaires tels que les dragons. Dans ces formes issues de l'imagination humaine, la langue est souvent exhibée comme celle des serpents et des varans, tout en conservant parfois une forme proche de la nôtre ! À cet égard, même s'il en existe probablement d'autres, la représentation du Pokémon Excelangue (Lickitung en anglais) constitue une exception : apparu dans la première génération de ces êtres étranges et, la plupart du temps, monstrueux, il a évolué en Coudlangue ou encore en Gencar (figure 11) qui surgit des ténèbres en montrant sa langue, tout en exhibant ses dents. D'ailleurs, certains lézards déploient leur langue pour faire fuir les concurrents et les prédateurs potentiels. Parmi ceux-ci, le scinque à langue bleue d'Australie est sans aucun doute le plus connu[2].

Une langue utile à plus d'un titre

Cet organe permet donc de réaliser des comportements autres qu'alimentaires. Ainsi, il est nécessaire pour nettoyer pelage et plumage et assurer le passage d'informations. Si elle est nécessaire pour se nourrir, la langue des primates – celle des humains en particulier – joue un rôle majeur dans la vie de chaque jour puisqu'elle est un organe essentiel pour communiquer aussi bien de manière non verbale que verbale. En effet, elle intervient dans le jeu des expressions faciales lors de comportements agressifs[3] et sexuels[4] : tirer la langue plus ou moins intensément est un geste de rejet chez tous les primates et les bébés de toutes les civilisations[5]. Du bébé qui repousse un aliment déplaisant à l'expression d'une violence ritualisée comme

A
B
C
D
E
F

le darder de langue chez les Yanomamis, peuple de l'Amazonie, ou encore la protrusion linguale des Maoris au cours de leurs danses hakas[6], voilà autant de rôles complémentaires de cet organe.

Le langage usuel ne dit-il pas aussi « avoir la langue bien pendue » et « utiliser la langue de bois » pour exprimer, d'une manière imagée, son rôle dans la communication humaine ? Embrasser se fait avec les lèvres, sans oublier le rôle de la langue dans le baiser langoureux et romantique, le *French kiss*, dans lequel le toucher des langues est synonyme, dans la littérature, de transmission d'émotions, d'engagement entre partenaires et de don de soi. Concrètement, la langue permet également des échanges *a priori* non négligeables de salive, et donc du microbiome. Il s'agit là de quelques exemples de cette autre histoire extraordinaire qu'est la production du son chez les animaux ! Une histoire qui, à elle seule, mériterait tout un livre !

◄ **Figure 11.** Représentations de l'utilisation de la langue dans l'art. A) Guépards d'une tombe étrusque (nécropole de Monterozzi, Tarquinia, Italie). B) Tête étrusque (musée de Tarquinia). C) Tapisseries flamandes du XVe siècle, brodées d'or et d'argent (palais Borromée, Italie). E) Bas-reliefs de tête de lionne (façade de la Galerie d'Anatomie comparée du Muséum national d'histoire naturelle de Paris illustrant l'utilisation de la langue pour se lécher et, en miroir, la posture agressive, langue rentrée et lèvres retroussées montrant les canines. F) Pokémon Gencar montrant les dents et sa langue.

CHAPITRE 6

Un organe extraordinairement déformable

Les différents rôles de la langue illustrés ci-dessus ne peuvent se faire sans ses deux propriétés morphologiques : d'une part, sa structure qui fonctionne comme un « hydrostat musculaire[1] » capable de se déformer dans l'espace (encadré 4) et, d'autre part, sa surface couverte de papilles de kératine de formes extrêmement variées capables de produire différentes substances aux propriétés viscoélastiques pour assurer la capture de proies. Sa structure, elle, lui permet de se déformer à l'intérieur comme à l'extérieur de la bouche et de se déplacer tout en restant fixée aux mandibules par l'intermédiaire de l'appareil hyoïdien. La langue est en effet constituée de muscles, de lacunes, de vaisseaux sanguins plus ou moins développés et de terminaisons nerveuses qui canalisent des informations qu'elles recueillent et en contrôlent les déformations. Quant à sa surface, elle est couverte de papilles de formes et de tailles très variables dont le rôle reste encore peu connu. En outre, cet organe si particulier est fixé sur un squelette de forme plus ou moins complexe appelé *appareil hyoïdien* ou *hyoïde*. Son rôle est loin d'être négligeable pour manger et pour communiquer chez certains vertébrés.

La musculature de la langue est très variable d'une espèce à l'autre de vertébré. De l'homme au cheval en passant par les lézards et les serpents, toutes les langues qui se déplacent de manière variable dans l'espace buccal fonctionnent selon une règle physique simple : cet organe conserve un même volume quel que soit le type de déformation ou de mouvement évoqué. Chez un serpent ou chez un primate – y compris l'homme –, la langue montre des structures très différentes et, donc, des adaptations extrêmement diverses pour se nourrir ou agir dans d'autres fonctions. Elle peut se subdiviser en groupes fonctionnels, c'est-à-dire en groupes de muscles qui induisent différents types de mouvements.

Son allongement, par exemple, implique la contraction coordonnée de muscles externes et internes, radiaux et circulaires notamment. Chez le caméléon, tout comme chez de nombreux invertébrés, ces muscles sont dotés de propriétés particulières appelées supercontractibilité[2]. Chez la plupart des tétrapodes, l'allongement de la langue varie de 130 à 250 % (100 % correspondant à un étirement nul). Cependant, chez ce lézard, qui dispose d'une architecture musculaire intralinguale très particulière, il peut pourtant atteindre plus de 800 %. En revanche, il reste inférieur à 100 % chez le crapaud, dont la projection de la langue est uniquement due à la contraction du muscle extrinsèque[3]. À l'opposé, le raccourcissement est provoqué par des muscles longitudinaux qui bordent la langue et peuvent s'étirer entre la langue et la ceinture pelvienne chez certaines salamandres.

Encadré 4. Hydrostat musculaire

Un grand nombre d'organes comprenant la langue de tous les organismes animaux, la trompe de l'éléphant ou du tapir, les tentacules des céphalopodes tels que la pieuvre et la seiche, ou encore le pied des mollusques sont composés principalement de muscles et ne comportent aucun support squelettique, tout en pouvant y être attaché par un ou plusieurs muscles[4]. Tout en étant attachée au plancher buccal et à l'appareil hyoïdien qui la soutient et à la mandibule par des muscles externes, la langue contient un grand nombre de muscles intrinsèques d'orientation différente qui lui permettent de se déformer dans des directions très variables. La trompe de l'éléphant et celle du tapir ne comportent aucun composant squelettique et montrent les mêmes capacités. Il en va de même du pharynx d'après certains auteurs. Ces organes peuvent donc se déformer selon plusieurs degrés de libertés en fonction de l'orientation des fibres musculaires : allongement et raccourcissement, torsion, flexion et raidissement.

La caractéristique majeure de la langue est de se comporter comme un liquide incompressible puisque sa musculature est essentiellement constituée d'eau, à raison de 79 %. Quelle que soit la déformation, ce volume de fluide est incompressible, et le volume global de la langue reste donc constant, même s'il peut varier localement. Le fonctionnement de la langue repose sur deux mécanismes produisant des forces qui, toutes deux, sont exprimées sous forme de forces de pression. L'hydraulique (forces hydrauliques) se réfère au système qui utilise le fluide, ici le muscle, sous pression pour transférer une énergie et donc effectuer un travail. La musculature est donc utilisée lors de son mouvement. L'hydrostatique (forces hydrostatiques) se réfère au système qui utilise le fluide contenu dans le muscle au repos pour transférer de l'énergie et effectuer un travail. La musculature est donc utilisée au repos.

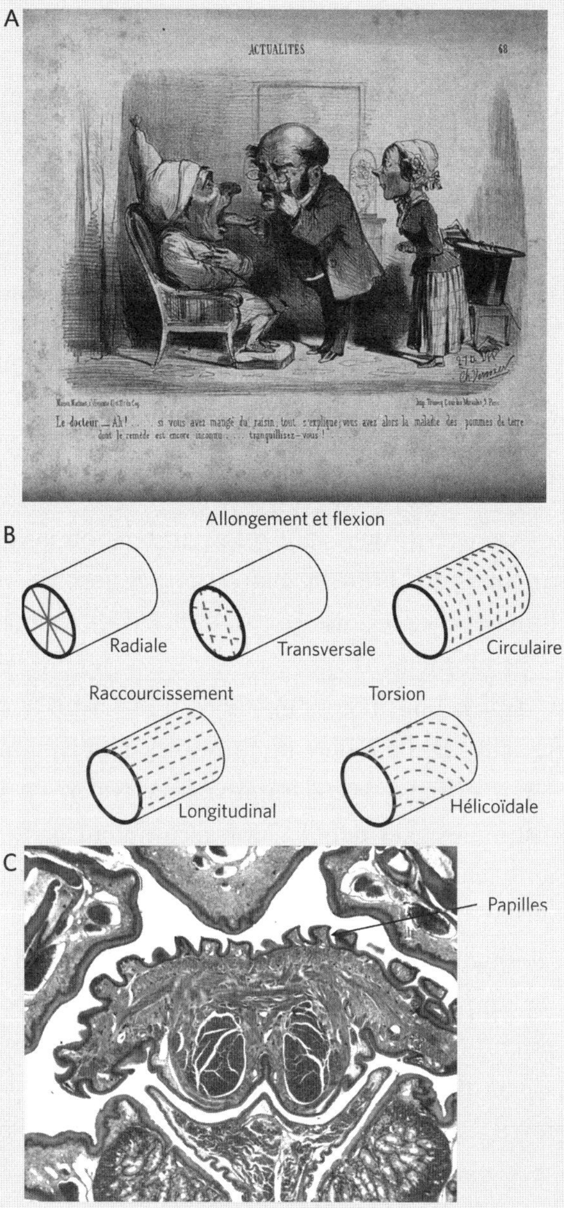

A) Déformer la langue : un potentiel évolutif remarquable ! B) La disposition de la musculature assure les déformations de la langue qui peut se déformer dans différentes directions. C) Les différentes orientations de la musculature linguale sont visibles sur une coupe transversale de la langue d'un lézard vert.

CHAPITRE 7

Des papilles : pourquoi tant de différences ?

Déformer la langue, c'est utile. Assurer son adhérence sur la nourriture ramenée dans la gueule et en estimer les caractéristiques, c'est essentiel. Pour assurer cette propriété, la langue est donc couverte d'un relief très variable constitué de papilles plus ou moins kératinisées. Elles sont de formes et de tailles très différentes. Le plus souvent, leurs caractéristiques sont mises en relation avec différents comportements tels que boire et manger ou, également, nettoyer et lisser son plumage chez les oiseaux, se lécher chez les mammifères. Un des rôles primordiaux de ces papilles est d'étendre la salive sur la nourriture dans la bouche tout en aidant à son déplacement intrabuccal. Cette salive a elle-même de multiples actions[1] : sans elle, la nourriture serait difficile, voire impossible à avaler, en particulier chez les mammifères. Les papilles qui accumulent cette salive par tension superficielle hydratent sans cesse la muqueuse buccale et la langue de tous les vertébrés. Sans ces papilles, celle-ci serait très rapidement déshydratée sous l'effet de l'évaporation et de la gravité produisant le simple écoulement de la salive dans la bouche. Les physiciens ont utilisé un nombre sans dimension ou nombre de Bond qui permet de calculer le rapport entre les forces gravitationnelles et la force de tension superficielle pour expliquer le maintien de la salive sur la langue. Si ce nombre est inférieur à 1, la force de tension superficielle maintient la salive au niveau des papilles. Chez l'homme, la hauteur des papilles, séparées de 0,1 millimètre, est, en moyenne, de l'ordre de 0,25 millimètre. Cela permet de calculer un nombre de Bond de 0,003 largement inférieur à 1.

Précieuses papilles

La forme des papilles joue donc un rôle important dans différents comportements, comme nous l'illustrerons. Très rigides chez de nombreux mammifères et oiseaux, elles constituent également un moyen de faciliter le passage de la nourriture dans l'œsophage. Mais elles ont bien d'autres actions… Chez les bovins, comme les vaches, qui broutent puis ruminent en utilisant la langue associée aux mouvements des mâchoires, les caractéristiques des papilles diffèrent d'une race à l'autre. Celles de la race nélore, bovin d'origine brésilienne, sont plus longues : elles mesurent en moyenne 2,5 millimètres. Celles de la race holstein, qui se retrouve dans la majorité des régions tempérées, ne mesurent en moyenne que 1,8 millimètre. De plus, leur densité est plus importante chez la race brésilienne puisqu'elle atteint 25 papilles par cm^2 contre 21 papilles par cm^2 chez d'autres races qui vivent dans les régions plus tempérées. La distribution des papilles d'une telle longueur leur permet d'être plus efficaces pour se débarrasser, lorsque ces animaux se lèchent, des tiques (larves et adultes) qui infestent les élevages en régions tropicales[2].

Des papilles linguales produisent également les sécrétions impliquées dans la capture des proies, entre autres par les grenouilles, les crapauds et les caméléons. Ce point sera abordé plus loin.

Rappelons enfin que le rôle de la langue dans le goût est plus que majeur chez un très grand nombre de vertébrés qui possèdent sur sa surface des bourgeons gustatifs, organes sensoriels spécialisés en forme d'oignons qui transmettent des informations chimiques sur la présence de certaines molécules dans les aliments ingérés. Ces bourgeons gustatifs relèvent d'un passé lointain. Ils sont en effet déjà présents chez les chordés tels que les lamproies et les myxines qui partagent, dès le Cambrien (il y a 550 millions d'années), une origine commune avec les vertébrés. Ils sont répartis de manières très diverses sur la surface de la langue. Leur rôle, celui du goût, chez l'homme est relativement bien connu mais reste encore très peu étudié chez la plupart des vertébrés[3].

CHAPITRE 8

Une langue attrape-tout

Chez certains reptiles, les squamates, la langue joue un rôle majeur pour capter des molécules qui renseignent sur la présence non seulement de proie, mais également de prédateurs et de partenaires sexuels. C'est le cas aussi bien chez les serpents que chez des lézards comme l'orvet[1].

Attardons-nous un court instant sur le rôle de la langue au cours d'un comportement très particulier appelé *voméro lfaction* ou *chémoréception*. Bien connu chez les serpents et les lézards, il peut être observé sur les représentations de ces animaux (figure 12). Mais ce comportement est aussi présent chez un grand nombre de vertébrés terrestres, des amphibiens aux mammifères. Chez ces reptiles, la langue, de forme et de taille très différentes d'une espèce à l'autre, est utilisée pour capter des informations chimiques du milieu extérieur et les amener vers l'organe sensoriel situé dans le palais et appelé *organe de Jacobson*[2]. Son épithélium est constitué de neurones sensoriels récepteurs de l'information, dont les axones atteignent une zone spécifique du cerveau appelée *bulbe olfactif accessoire*.

Les coups de langue, ou dardés linguaux, qui peuvent être complexes selon les espèces et le contexte de leur utilisation, sont le seul moyen permettant de capter des molécules déposées dans

Figure 12. En dardant la langue, les squamates (lézards et serpents) récoltent des molécules dans leur environnement. A) Couleuvre à collier à la recherche de proies ou de partenaires. B) Par des dardés linguaux – langue fourchue ou non –, les lézards récoltent des molécules sur les substrats (a-d : suite des mouvements et de la déformation linguale pour cette récolte). C) Les molécules présentes dans l'air (gris clair) sont majoritairement récoltées par l'épithélium nasal assurant l'olfaction, et les molécules déposées sur substrat (gris foncé) sont testées par l'organe de Jacobson (Ja). Elles y sont poussées par le relèvement du plancher buccal (pb) à la suite de leur transport par la langue. ▶

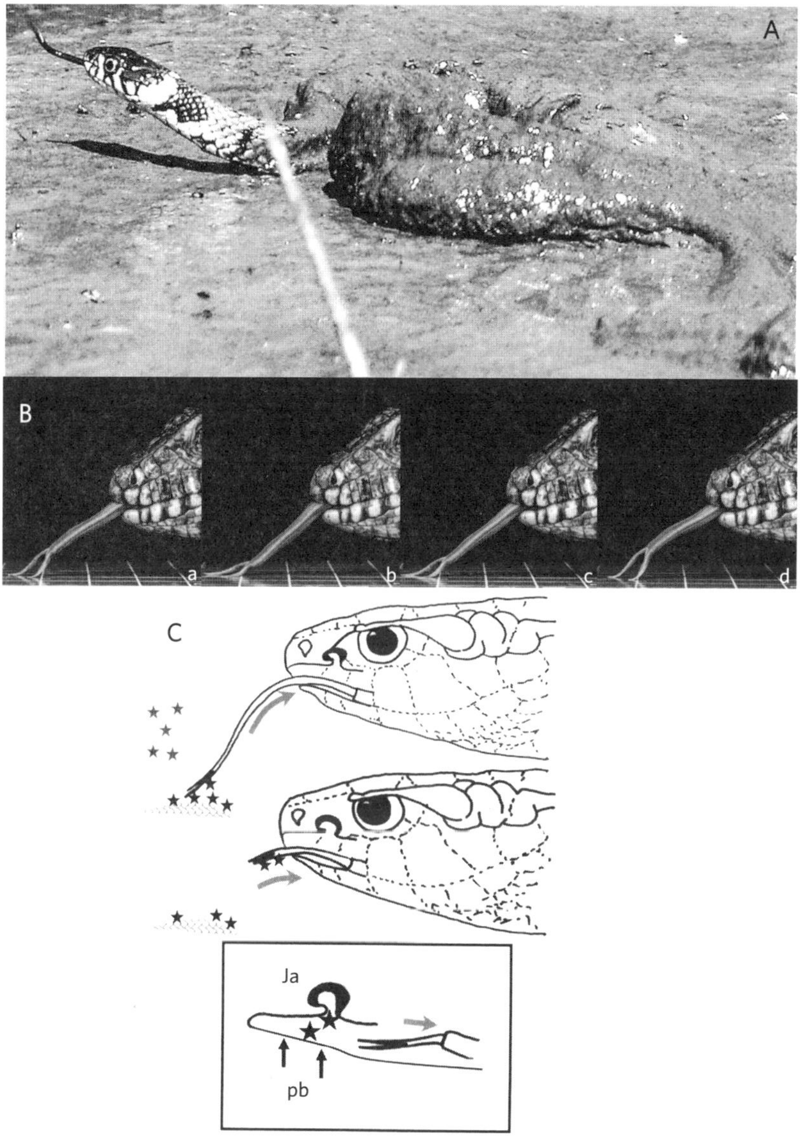
A
B
a
b
c
d
C
Ja
pb

l'environnement par les proies, les concurrents et les partenaires potentiels. Serpents et lézards réalisent différents types de ces dardés, d'une simple oscillation avec toucher du substrat à un mouvement rythmique complexe dans l'air pour récolter ces molécules. Issus des fluides corporels émis dans l'environnement par des glandes dites *holocrines*[3], les pores fémoraux chez les lézards par exemple, d'un individu mâle en particulier, déposent des molécules qui ont un poids moléculaire plus élevé que les molécules captées par l'épithélium nasal[4]. Elles sont appelées *phéromones*. Le plus souvent, elles sont constituées d'un ensemble de composants tels que des protéines, des hormones de type stéroïdes, des acides gras, qui conduisent à une réponse physiologique ou comportementale de la part de l'individu, prédateur ou conspécifique, qui les perçoit[5]. Les molécules récoltées sur les substrats sont prélevées par la surface ventrale de la langue grâce à un mécanisme sans doute électrostatique. Elles sont ensuite déposées sur le plancher buccal, à proximité de l'ouverture de l'organe de Jacobson, qui se soulève et permet leur pénétration par un mécanisme encore très mystérieux.

D'autres animaux pratiquent des postures très particulières appelées *fleshmen*. Visibles du cheval au chat, elles leur permettent, sans doute par aspiration de l'air et sans agissement de la langue, d'amener ces molécules du milieu extérieur vers cet organe[6].

CHAPITRE 9

Une langue pour se lécher

Comme tous les tétrapodes, les félins possèdent une langue ornée de papilles. Plus peut-être que les autres mammifères, ils passent de longs moments à se lécher. Pour mémoire, ces carnivores sont apparus il y a environ 11 millions d'années. Le chat domestiqué, lui, est apparu il y a environ 10 000 ans, probablement dans une zone particulière au Moyen-Orient d'où il s'est répandu ou encore à différents endroits du monde, dont la Chine[1]. La population de chats domestiques est aujourd'hui estimée à plus de 400 millions d'animaux, alors que celle des espèces dites sauvages l'est à moins de 100 millions, dont une très grande proportion appartenant à la quarantaine d'espèces actuellement recensées en danger et en voie de disparition. Il est intéressant de noter que la forme du corps de tous les félins, à l'exception de la taille et de la masse, reste assez semblable au long de leur évolution et même au cours de la sélection des différentes races de chat par l'homme. Or une de ces sélections que l'homme applique au chat domestique porte sur la longueur des poils. C'est le cas des persans, des angoras ou encore des birmans : leurs poils peuvent atteindre 10 centimètres. Ces chats doivent sans cesse être brossés : de toute évidence, se lécher ne leur suffit pas pour nettoyer leur fourrure en profondeur, et donc leur peau, alors que les félins sauvages et la plupart des races domestiques n'ont pas besoin d'un tel brossage. Comment expliquer cette différence ?

Une activité de haute performance

Cette problématique relève de la taille des papilles de la langue ! En effet, le léchage de la fourrure assure plusieurs fonctions complémentaires : de la thermorégulation – la salive est constituée d'environ 99 % d'eau – au simple nettoyage, en passant par un rôle social très important. De plus, la salive dispose d'enzymes capables d'agir comme des antibiotiques et d'autres facteurs liés à la santé. Elle permet d'éliminer des impuretés et des contaminants déposés sur la fourrure. Certes, beaucoup de mammifères utilisent la langue pour se lécher ou encore lécher les autres individus. Néanmoins, ce comportement est des plus fréquents chez les félins. On estime qu'un chat se lèche en moyenne 2 heures et demie par jour, tout en dormant 25 % de son temps. Regardons le chat se lécher ou encore lécher un autre chat, voire nous lécher. Par ce comportement inné, grâce à la structure particulière de ses papilles, il dépose sa salive sur sa fourrure. La région centrale de la langue est couverte d'un ensemble de 290 papilles filiformes rigides, légèrement coniques vers l'extérieur et creuses du côté interne. Lors du léchage, elle se déforme et produit un mouvement de rotation vers l'extérieur des papilles. Un tel mouvement est visible à fort grossissement. Il augmente de manière potentielle leur résistance et facilite peut-être le dépôt de salive.

Les papilles forment une surface hérissée, à l'instar d'une brosse qui a, par ailleurs, souvent été inspirée d'une telle structure (figure 13). Cette région est capable de se charger par capillarité de 4 microlitres de salive. Le mouvement de la langue et les propriétés des papilles permettent de comprendre comment le chat et tous ses cousins, du tigre au chat des sables en passant par le léopard et le lion, sont capables d'humidifier leur fourrure et de la nettoyer. La taille des félins peut varier selon un rapport de 40, du tigre qui peut atteindre plus de 300 kilos au chat rubigineux qui ne pèse que 1,5 kilo. Par contre, celle des papilles est de l'ordre de 2,5 millimètres chez toutes les espèces, ce qui suggère un rôle semblable chez tous ces animaux. Retenons que la fourrure est un ensemble constitué de poils et d'air dont la porosité est proche de 1[2].

Une activité nécessaire pour s'entretenir

Lorsque notre chat ou le tigre se lèche, il écrase ses poils, quelles que soient leurs directions. Ainsi, à chaque coup de langue, le chat domestique diminue l'épaisseur de sa fourrure de 40 millimètres à 1,2 millimètre, et le tigre, de 30 millimètres à moins de 1 millimètre. La force exercée par la langue évacue l'air et dépose la salive sur les poils écrasés. Si ce n'est pas le cas, la salive reste superficiellement attachée aux poils en surface de la fourrure. En effet, cette fourrure est constituée de deux couches de poils : les poils de surface épais qui protègent contre l'environnement et des poils fins qui constituent le « sous-poil » et jouent un rôle majeur dans la thermorégulation de l'animal. Les papilles elles-mêmes peuvent alors entrer en contact avec la peau pour y déposer le contenu salivaire piégé dans leur creux. La langue du chat se déplace sur sa fourrure à environ 220 millimètres par seconde ; il peut ainsi déposer environ 50 à 60 microlitres à une fréquence de l'ordre de 1,4 léchage par seconde. Même si la vitesse de la langue varie d'un facteur 30 entre petits et grands chats, un tel léchage fonctionne de la même manière, de notre chat domestique au tigre. La quantité de salive déposée représente 50 % de la salive présente sur la surface linguale[3].

Dans les faits, le dépôt quotidien par les papilles d'environ 48 grammes de salive sur la peau d'un félin équivaut à seulement 5 % de la quantité globale produite par l'animal. Toutefois, le rôle de ces papilles est primordial : elles étalent la salive en pénétrant de 0,5 millimètre l'épaisseur de la fourrure. Elles en laissent ainsi la plus grande partie sans dépôt. Seules les papilles filiformes peuvent atteindre la racine des poils. Ce rôle est essentiel, notamment pour assurer

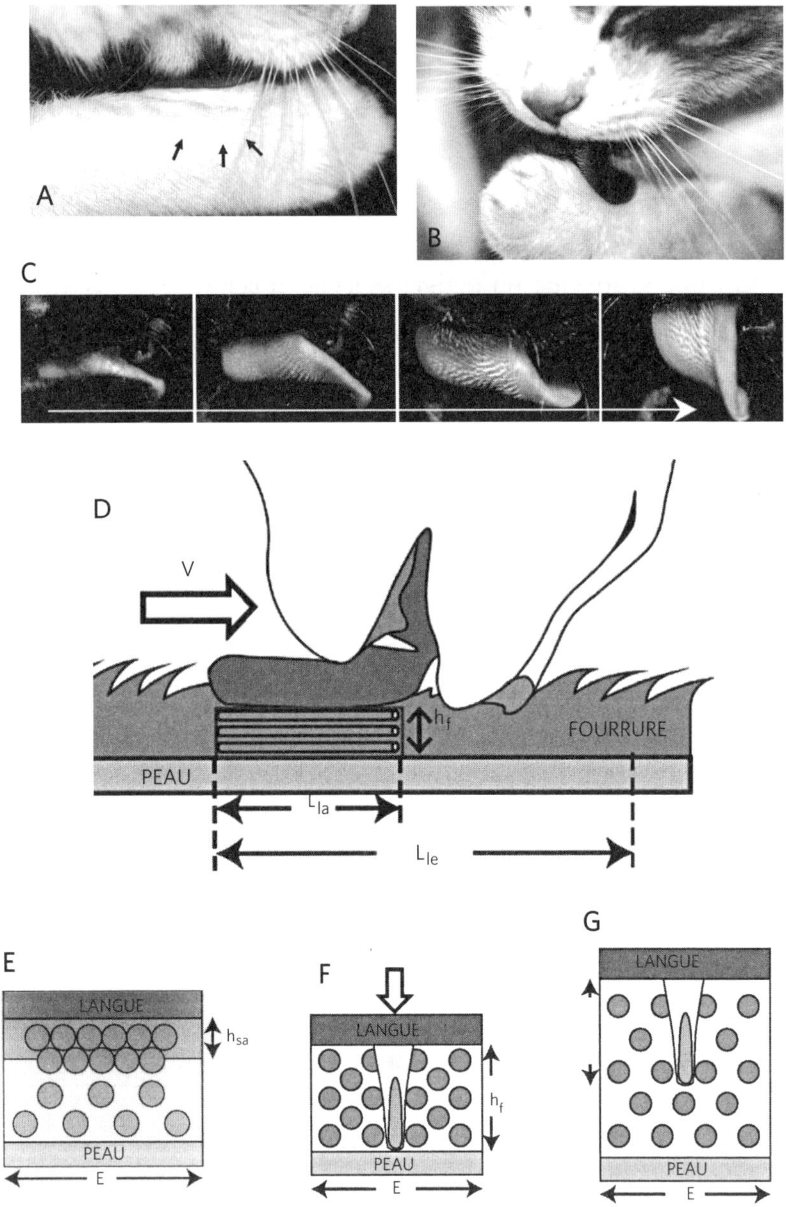
A
B
C
D
V
h_f
FOURRURE
PEAU
L_{la}
L_{le}
E
LANGUE
h_{sa}
PEAU
E
F
LANGUE
h_f
PEAU
E
G
LANGUE
PEAU
E

la thermorégulation chez les félins. Des mesures prises à l'aide de caméras thermiques ont permis de calculer qu'un chat de 2,2 kilos doit perdre chaque jour approximativement 5,7 watts pour éviter de surchauffer. En acceptant que toute la salive des papilles soit déposée à la racine des poils, la quantité de chaleur perdue peut être évaluée à 1,3 watt, ce qui représente 25 % de la quantité totale à perdre chaque jour par le chat, le reste étant perdu par conduction, convection et radiation comme chez les autres mammifères. N'oublions pas que la langue est un organe hydrostatique sans rigidité.

◄ **Figure 13.** Se lécher chez le chat : un rôle essentiel de la langue. A-B) La langue du chat écrase ses poils en y déposant sa salive (petites flèches noires). C) La langue suit un mouvement stéréotypé de l'arrière vers l'avant indiqué par la flèche blanche en quatre étapes successives représentées par chaque image : extension, élargissement, glissement, rétraction. D) Le transfert de la salive sur les poils peut être schématisé, afin de comprendre comment elle pénètre jusqu'à la peau du félin. Chaque mouvement de la langue sur la fourrure dépose environ 60 microlitres de salive à une vitesse moyenne de 220 millimètres par seconde (V). La langue écrase les poils sur une longueur L_{la} et parcourt à chaque coup de langue une longueur L_{le} de la fourrure. Cela explique la durée et le temps mis par le chat pour assurer le « nettoyage » de sa fourrure. E-G) Lorsque le chat est mouillé, la salive ne peut pénétrer jusqu'à la peau vu l'agglomération des poils représentés par les cercles gris qui constituent une barrière impénétrable pour les papilles sur une hauteur h_{sa}. La langue écrase les poils et réduit ainsi l'épaisseur de la fourrure à une hauteur h_f. Si $h_{sa} > h_f$, le félin peut atteindre sa peau avec ses papilles et y déposer la salive. C'est le cas de la plupart des félins, même du léopard des neiges connu pour posséder une fourrure faite de très longs poils, mais disposés de manière plus éparse. Par contre, si $h_{sa} < h_f$, le chat ne peut déposer de salive sur sa peau.

CHAPITRE 10

La langue : un moyen de capture efficace

Si la langue est utilisée pour manipuler la nourriture dans la gueule ou la bouche, elle l'est également chez de nombreux vertébrés pour capturer la nourriture, en particulier des proies vivantes et mobiles, en sortant de la bouche à des distances variables. En milieu aquatique, les vertébrés utilisent cette propriété peu ou prou.

Comparer les possibilités de déformation de la langue lors de la capture de proies vivantes est un moyen intéressant pour démontrer la diversité des liens entre les caractéristiques de cet organe système et ses performances, et expliquer ainsi cette capacité de se nourrir, du caméléon à l'homme en passant par les lissamphibiens et autres mammifères (figure 14).

Trois modes de projection remarquables de la langue sont liés à sa musculature, notamment à son potentiel de déformation, et un à la projection même de l'hyoïde dans la langue. Finalement, au cours de l'évolution, différentes solutions ont été mises en place pour atteindre un même objectif : attraper une proie sans en approcher la gueule.

La langue piège

Les lissamphibiens tels que grenouilles et crapauds utilisent un mécanisme semblable à celui d'une trappe à souris ! Leur langue est attachée en avant de la mandibule au contraire des autres vertébrés tels que les mammifères et les reptiles, y compris les oiseaux.

En pivotant sur ce point d'attache, constitué par la symphyse des deux mandibules, selon les espèces, la langue est projetée à différentes vitesses sur la proie contactée en différents endroits selon sa position, alors que la gueule s'ouvre par l'abaissement rapide de la mâchoire inférieure (figure 14). La langue peut ainsi entrer en contact avec les proies. Par ailleurs, la pression de la langue continue tout au long du contact puisque la force maximale de pression est atteinte 40 millisecondes environ après que l'animal a assuré la surface de contact optimale entre sa langue et la proie. Elle se déforme donc pour augmenter progressivement cette surface. Dans le même temps, elle agit un peu comme un absorbeur de choc tel qu'utilisé, par exemple, pour mesurer la résistance des voitures.

L'adhérence entre la langue et la proie peut être mesurée de différentes manières comme la force d'adhérence ou le travail d'adhésion qui mesure l'énergie nécessaire pour retirer un adhésif d'une surface déterminée. Pour certains auteurs, la langue agit comme un adhésif sensible à la pression. Elle se comporterait alors comme un papier collant. Pour d'autres, l'adhérence de la langue sur la proie résulte d'un subtil compromis entre sa déformation et les caractéristiques rhéologiques – la viscoélasticité – du mucus produit par les glandes de ses papilles linguales appelées filiformes[1].

Dans le cas des amphibiens, une couche d'environ 0,5 millimètre d'épaisseur de mucus[2] se comporte à la fois comme un liquide et un solide – et non comme un liquide simple –, tout en ayant une très forte mouillabilité. Cette couche assure le contact entre la surface linguale et la surface externe de la proie engloutie par le crapaud-buffle ou la grenouille cornue d'Amérique du Sud, qu'il s'agisse d'un exosquelette d'arthropode principalement constitué de chitine ou des poils d'un vertébré. Le mécanisme est compliqué : dès qu'elle subit le contact de la langue préhensile qui, en se rétractant, modifie son adhérence sur elle, la proie essaye de se dégager. Dans le même temps, en se rétractant, la langue diminue le contact avec la proie. Des fibrillations s'observent alors au sein du mucus présent entre la surface de la proie et les papilles filiformes qui forment au niveau de la langue une surface qui peut facilement épouser la surface de contact. Le mucus est déposé sur la proie à la manière d'une peinture déposée avec une brosse ou un pinceau. De la même manière que la peinture s'étale sur le mur si la vitesse est suffisante, le mucus s'étale sur la proie.

La rétraction de la langue se fait en chaque point de contact avec la proie. Le prédateur la détache régulièrement tout au long de la rétraction de la proie dans sa gueule. La langue se déforme : elle s'allonge, et cette déformation provoque la modification de la couche de mucus. Cette dernière se modifie dès qu'une force dite de cisaillement provoque son écoulement et stoppe ainsi le processus d'adhérence. Pour différentes vitesses de rétraction de 1 à 5 millimètres par seconde, le travail d'adhésion de la langue de ces vertébrés a été estimé à 5,5 newtons mètres[3]. Il est alors 60 fois supérieur à celui d'un mucus placé entre deux plaques rigides, l'une représentant la proie et l'autre, une langue rigide et non déformable. À titre de comparaison, ce travail est 50 fois plus élevé que celui qui peut atteindre 0,15 newton mètre pour les jouets Sticky Hand Toys qui nous semblent si performants en termes d'adhérence ou encore les ventouses au pied des pattes de grenouille.

La langue catapulte

La langue qui adhère à la proie n'est pas l'apanage de certains lissamphibiens, crapauds et grenouilles. Le caméléon est aussi un exemple classique chez les tétrapodes de cette innovation qui implique une très forte spécialisation de la morphologie de la langue. Cette dernière est ainsi considérée comme un projectile répondant aux lois de la balistique dont l'extrémité adhère sur la proie et fonctionnerait comme une catapulte (figure 14). Immobile ou se déplaçant très lentement, l'animal projette sa langue à une distance atteignant 2,5 fois la longueur de son corps en 10 à

55 millisecondes selon les espèces, avec une pointe d'accélération variant de 500 à 2 500 mètres par seconde. Cette élongation linguale est produite par les muscles intrinsèques dont la puissance de contraction seule ne peut expliquer le mouvement de la langue. Elle est aussi provoquée par la contraction du muscle appelé, à bon escient, muscle accélérateur. Toutefois, s'il agissait seul, ce muscle devrait, en quelques secondes, produire une puissance de l'ordre de 3 000 watts par kilo de muscle. Même avec de l'entraînement, une telle puissance est impossible à atteindre. À titre de comparaison, un cycliste professionnel est capable, en moyenne, de développer une puissance de 22 à 24 watts par kilo sur une durée de 5 secondes. Dans le cas du caméléon, une telle force de catapultage nécessite un cadre rigide (le cartilage de l'hyoïde qui soutient la langue), le stockage d'énergie dans les couches de tissus de collagène qui l'entourent et un moyen de propulsion constitué, dans ce cas, du muscle accélérateur[4]. La langue se comporte ainsi, principalement à son extrémité, comme un matériel élastique. Le retour de la langue sur laquelle est attachée la proie serait, lui, lié uniquement à l'activité musculaire. L'identification du mécanisme de projection linguale du caméléon a conduit à proposer des systèmes de catapulte bio inspirée, recouverts à leur extrémité de gel viscoélastique ou poly-isobutylène permettant de capter à plus de 50 centimètres des objets délicats (feuille, fine tranche de tofu et ballon) dans différentes directions de l'espace[5].

Si le caméléon propulse sa langue pour adhérer à ses proies selon le principe de fonctionnement d'une catapulte, un autre mécanisme existe chez des salamandres pléthodontes du genre *Hydromantes* qui vivent en Californie et en Europe : en moins de 20 millisecondes, elles sont capables de projeter leur langue sur des proies situées à une distance de l'ordre de 80 % de leur longueur corporelle. Un tel mécanisme repose sur la contraction d'un muscle (muscle protracteur) organisé comme un manchon autour de chaque extension latérale postérieure du système hyoïdien qui sont ainsi exhibés vers l'avant dans la langue. Le retour

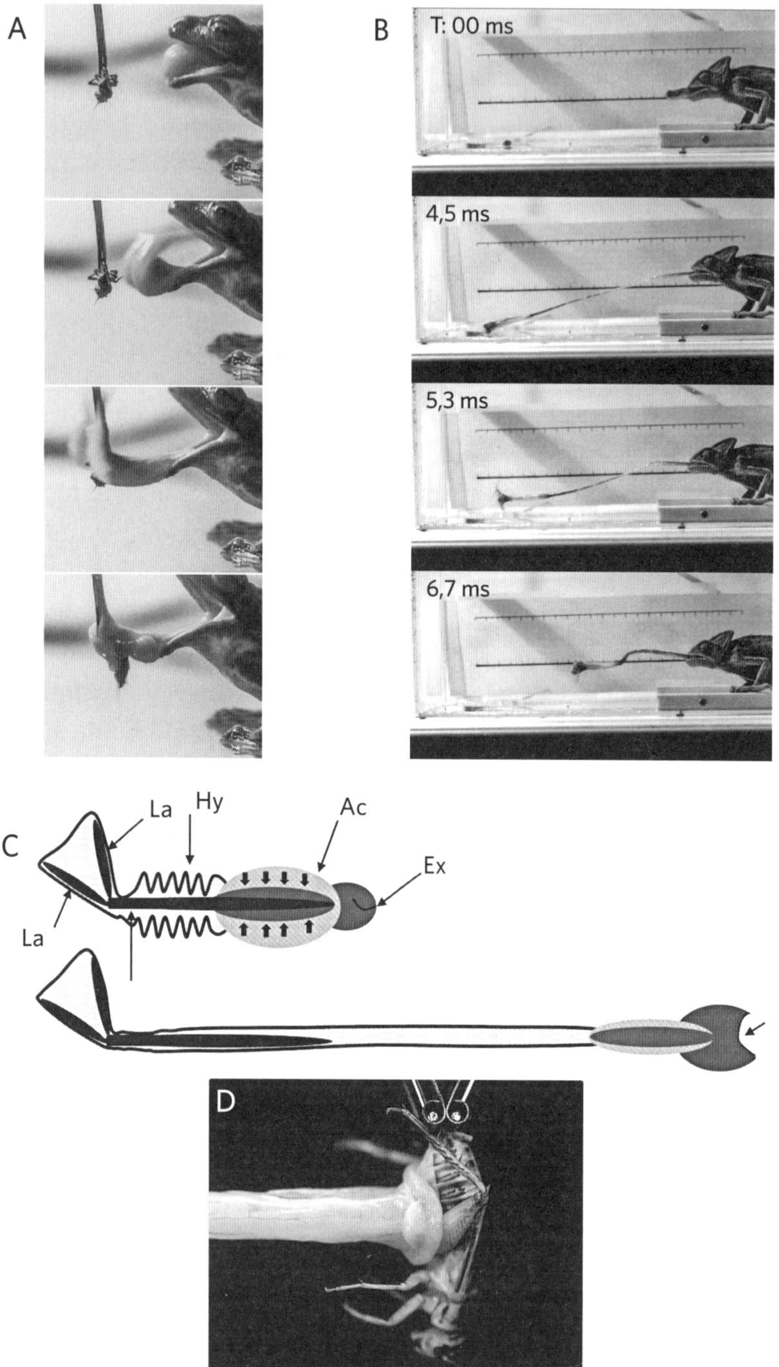
A
B
T: 00 ms
4,5 ms
5,3 ms
6,7 ms
C
La
Hy
Ac
Ex
La
D

de la langue et de la proie qui y adhère à son extrémité se fait grâce au muscle rétracteur qui relie l'extrémité postérieure de la langue à la ceinture pelvienne.

Un instrument redoutable

Comment la langue adhère-t-elle à la proie capturée chez le caméléon ? Elle doit non seulement adhérer dès qu'elle contacte sa proie, mais elle doit aussi maintenir cette adhérence lors du retour. Plusieurs hypothèses, qui ne sont peut-être pas mutuellement exclusives, ont été proposées : le contact des papilles qui pourraient s'emboîter dans les irrégularités de la surface de la proie, la succion produite par une sorte de ventouse formée par l'extrémité de la langue au contact de la proie, la viscosité du mucus produit par les papilles de l'extrémité de la langue (comme démontré pour les amphibiens). L'observation combinée à l'expérimentation a permis d'apporter une solution. Une expérience simple de physique avec du mucus produit par la langue de caméléon a permis de mettre en évidence le rôle de ce dernier dans la capture des proies. Une petite bille d'acier est lancée sur un plan incliné dont la surface, en un point donné, est recouverte d'une fine couche de mucus provenant de la langue du caméléon ou de salive humaine. Dès que la bille touche le mucus, elle est ralentie, et sa une vitesse devient constante alors que le plan est incliné. La force de traînée visqueuse subie par cette bille en comparaison de la salive humaine a mis en évidence que la viscosité du mucus se révèle être 400 fois plus importante que celle de la salive[6]. Cette expérience démontre

◄ **Figure 14.** Projection de la langue. A) Projection avec rotation de la langue par un crapaud. B) Projection de la langue d'un caméléon. C) Vue schématique de la projection de la langue chez le caméléon. (Ac : muscle accélérateur ; Ex : extrémité déformable de la langue ; La : éléments latéraux de l'hyoïde [Hy].) La flèche à l'extrémité de la langue montre la déformation autour de la proie comme illustré en conditions réelles (D). D) Vue agrandie de l'extrémité de la langue en contact avec une proie.

que le mucus a une propriété viscoélastique utilisée pour maintenir le contact avec la proie lors de son retour avec la langue vers la gueule du lézard. Ce mécanisme d'adhérence se retrouve sans doute, à des degrés divers, chez tous les tétrapodes qui, des lézards aux tortues, utilisent la langue pour capturer leur nourriture[7].

CHAPITRE 11

Communiquer avec l'hyoïde, ce méconnu du squelette

Situé au niveau du cou, l'hyoïde ou appareil hyoïdien composé de pièces osseuses et cartilagineuses de formes très variées soutient la langue. Il est ainsi suspendu entre les mâchoires inférieures, la base du crâne et le larynx[1]. Cet hyoïde dérive du squelette viscéral de nos ancêtres aquatiques sous le contrôle combiné de gènes appelés *HOX* et de crêtes neurales formées de groupes de cellules issues de la partie postérieure du tube nerveux. Même si fonctionnellement ce squelette lie la langue à la mâchoire inférieure, ses différentes pièces, essentiellement cartilagineuses, ont subi des changements morphologiques spectaculaires, notamment chez les tétrapodes comme les lézards. Leur évolution suit celle des pièces plus en avant des arcs viscéraux, notamment celles qui vont donner naissance aux mâchoires.

Décrire les différentes pièces de formes variables appelées processus serait fastidieux car, de l'alimentation à la communication visuelle et phonique, ils interviennent dans de multiples comportements (figure 15). Ainsi, chez les squamates, dont les lézards, le processus dirigé vers l'avant ou « processus entoglosse » joue un rôle considérable dans le soutien de la mobilité linguale, tandis que les processus dirigés vers l'arrière, lorsqu'ils sont présents, interviennent uniquement dans le déploiement de la gorge qui agit en qualité de signal visuel au sein de comportements de communication dits ritualisés (encadré 5). L'hyoïde des primates *Hominoidea*, y compris les humains, montre des caractéristiques particulières. Ce squelette est ainsi positionné au-dessus de l'entrée du larynx chez l'homme. La fusion des éléments qui le constituent évolue avec l'âge.

Encadré 5. La ritualisation

La ritualisation est un mécanisme de l'évolution proposé pour expliquer les caractéristiques de comportements impliqués dans la communication, qu'elle s'établisse entre des congénères, de même sexe ou de sexe opposé, d'une même espèce, ou des membres d'espèce différentes, y compris les prédateurs. Les caractéristiques de ces comportements dits ritualisés décrits sous la forme de mouvements ou de postures prises par les animaux montrent des changements ou des transformations de celles d'autres comportements dont ils dérivent de diverses manières ; ces derniers étant essentiellement liés aux activités « journalières » qui peuvent avoir, eux-mêmes, une fonction informative. Ce mécanisme a même été considéré comme une exaptation[2].

Les origines des comportements ritualisés sont extrêmement variées, et même Ernst Mayr (1904-2005), un des plus célèbres biologistes de l'évolution aux XXe et XXIe siècles, a souligné, dans un opuscule publié en français, et trop rarement cité, qu'une espèce a deux possibilités de développer un comportement puisque soit celui-ci possède un fondement génétique « dès le début », soit « un nouveau comportement est au début une modification non génétique d'un comportement existant... et il est peu à peu remplacé par un comportement à contrôle génétique[3] ».

Les textes fondateurs de la ritualisation comportementale chez l'animal et l'homme ont été proposés dans un volume de la célèbre revue *Philosophical Transactions of the Royal Society* en 1966[4]. D'après sir Julian Huxley (1887-1975) qui a organisé cette publication, la ritualisation peut être définie comme une formalisation ou une canalisation adaptative de comportement motivé émotionnellement sous l'effet de la sélection naturelle (et sexuelle) conduisant à un signal non ambigu, une réduction des risques liés notamment à une agression directe, une optimisation de l'attractivité qui intervient dans le choix du ou des partenaires, et jouer un rôle efficace comme stimuli des actions réalisées par les autres individus. Les comportements ritualisés déterminés chez les animaux, l'homme y compris[5], peuvent évidemment eux-mêmes évoluer, souvent en relation avec des transformations morphologiques extraordinaires. D'autres théories, comme celle qui relie les comportements ritualisés à la notion de bluff, ont ensuite essayé d'expliquer cette formalisation des comportements essentiels à la communication entre les individus[6].

Exemples de comportements ritualisés chez l'avocette élégante et la cigogne.

Chez les mammifères, la taille et la forme de la pièce centrale de cet hyoïde, appelée basihyal, varient en intervenant en qualité de caractère sexuel secondaire, sous l'effet de la sélection sexuelle au sens de Charles Darwin. Ses caractéristiques morphologiques ont été en effet très souvent associées aux possibilités de vocaliser chez les primates, les humains y compris[7]. Ainsi, la variation de forme de l'hyoïde refléterait les spécialisations de vocalisation chez ces mammifères, et sa morphologie observée chez les différentes espèces d'homininés éteintes a été utilisée pour essayer de proposer l'évolution potentielle de la parole humaine. Dans le même ordre d'idée, des études récentes montrent que les changements de la forme de ce basihyal du macaque, *Macaca mulatta*, suivent le degré d'allongement des voies vocales. Toutefois, ces investigations ne permettent pas encore d'associer clairement les transformations de la forme de ce squelette et les spécialisations des vocalisations utilisées pour communiquer chez les primates, à quelques exceptions près.

Amplifier le son chez les alouates

Les alouates ou singes hurleurs sont des primates de taille moyenne (50-70 centimètres) arboricoles à queue préhensile. Ce genre de primates comporte plus de dix espèces réparties dans les forêts d'Amérique du Sud et centrale. Ils sont les seuls primates vivants qui ont développé un os hyoïde dit *pneumatisé,* formé d'une sorte de gobelet creux servant de caisse de résonance dans lequel le sac aérien qui y est inséré peut entrer en vibration (figure 15). Pour rappel, ce sac aérien est une caractéristique du système vocal de nombreux mammifères, dont les primates. Il s'agit de cavités remplies d'air reliées au larynx et positionnées de différences façons[8]. Ce sac peut par exemple se situer latéralement ou s'étendre complètement sous l'hyoïde, tout en restant relié au larynx juste au-dessus des cordes vocales. Toutefois, le larynx des primates non humains est positionné assez haut dans la gorge, et le volume restreint de la partie supra-laryngée du pharynx limite la gamme des sons qui peuvent être émis. Les primates, notamment, produisent des sons entre 125 et 500 hertz. À titre indicatif, l'homme produit une gamme de sons située entre 125 et 8 000 hertz.

L'intensité des sons est évidemment liée à la longueur de leurs cordes vocales qui varie de 4 à 3,5 centimètres selon les espèces, alors que celles des hommes sont d'environ 1,5 centimètre. En étirant le cou et en jouant avec leurs lèvres, ces primates peuvent moduler les caractéristiques de leurs cris. Le volume de cet os hyoïde semble être plus important chez les mâles. Comme le suggérait déjà Charles Darwin, la forme et le volume de l'organe vocal des mâles auraient été sexuellement sélectionnés. Ces liens entre la forme de cet os, la production des sons qui en découle et la vie sociale de ces primates sont assez complexes. En raison de leur plus grande taille, les mâles de certaines espèces possèdent un os hyoïde plus gros que les femelles. Ils seraient donc capables d'attirer plus de femelles et de vivre dans des familles polygames comprenant un mâle célibataire et plusieurs femelles. Chez d'autres espèces, l'os hyoïde des mâles est plus petit que celui des femelles. Les mâles forment alors un environnement social complexe comportant plusieurs individus et plusieurs femelles. Ces mâles doivent rivaliser plutôt que d'attirer les femelles[9]. De même, au sein des groupes d'alouates, lorsque les mâles possèdent des hyoïdes très volumineux, ceux des femelles le sont également. Cependant, chez les mâles, ce volume diminue dès que le groupe s'accroît. Il s'agit là du signe d'une sélection sexuelle précopulatoire. Au contraire, la taille des testicules augmente dans les groupes qui comprennent plus de mâles, démontrant ainsi un rôle potentiel de ce volume dans la compétition postcopulatoire des spermatozoïdes. Chez les femelles susceptibles de posséder également des gobelets hyoïdiens volumineux (mais moins que ceux des mâles), la spécialisation de l'hyoïde conduisant à l'émission de sons forts serait liée à d'autres facteurs de causalité tels que la défense des ressources du groupe (nourrissons, nourriture et territoire) et la dissuasion des prédateurs potentiels (en majorité des félins grimpeurs)[10]. De plus, la sélection des hyoïdes plus gros chez les femelles dans les groupes comportant moins de mâles, qui ont par ailleurs un gros hyoïde, pourrait être le signe d'une stratégie contre l'infanticide par les mâles ou le résultat d'une compétition entre les femelles d'espèces différentes. Ces explications ne sont d'ailleurs pas exclusives les unes des autres et restent discutées.

À gorge déployée

Pour communiquer, tous les vertébrés utilisent divers signaux visuels qui mettent en jeu le corps ou une de ses parties, notamment la gorge soutenue par le squelette hyoïdien. Produits par des déformations de ce dernier, les mouvements rythmiques d'une gorge souvent très colorée sont définis en éthologie comme ritualisés[11]. Malheureusement, comme l'a montré l'ONG NatureServe en 2022[12], plus d'une espèce sur cinq de reptiles risque de disparaître très rapidement à cause de la destruction de son habitat[13]. Ainsi, les chances d'établir l'évolution de la communication chez ces vertébrés ne cessent de s'étioler.

Les formes du déploiement de la gorge sont extraordinaires et jouent un rôle majeur dans les interactions sociales chez des lézards aussi différents que des iguanes[14], des anoles des Caraïbes et du continent américain, ou encore des varans du désert du Sahara, sans oublier les lézards volants des forêts asiatiques et les lézards australiens. Les signaux visuels émis par toutes ces espèces peuvent se résumer en un fanon gulaire déployé verticalement et en une gorge ouverte latéralement, sans oublier collerette colorée du fameux lézard australien surnommé le dragon d'Australie. Ce dernier a très nettement inspiré le *Dilophosaurus* de *Jurassic Park* (1993), ce dinosaure théropode carnivore long de 6 mètres ayant vécu il y a 180 millions d'années, auquel ont été ajoutées deux caractéristiques inventées : une collerette pour figurer un animal

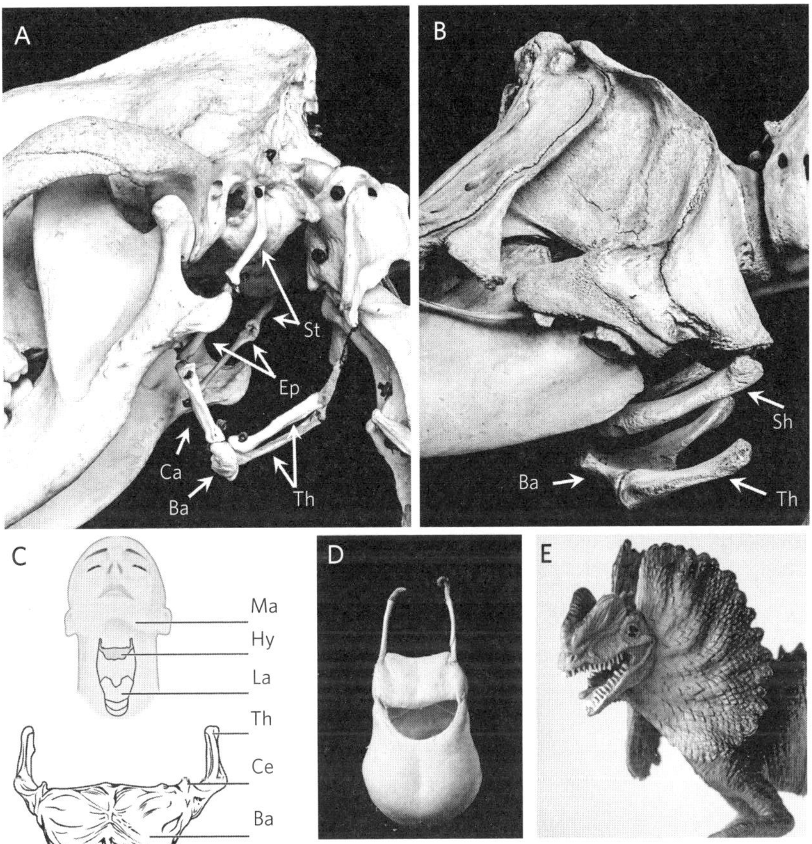

Figure 15. Illustration du squelette hyoïdien chez différents mammifères. A) Chien. B) Orque. C) Homme. D) Chez les singes hurleurs, gobelet constitué d'une expansion d'un processus de l'hyoïde appelé basihyal. E) Représentation classique, mais sans doute erronée, d'un dinosaure capable de déployer une collerette comme le lézard du genre *Chlamydosaurus* appelé dragon australien. Les différents éléments de l'hyoïde présentés sur les photographies sont : Ba : basihyal ; Ce : cératohyal ; Ep : épihyal ; Sh : stylohyoïde ; Th : thyrohyoïde ; La : larynx ; Ma : mandibule. Chez l'homme, les petites cornes correspondent au cératohyal, et les grandes cornes, au thyrohyoïde.

encore plus terrifiant et la capacité de cracher du venin. Dans la tradition des jouets, il reste d'ailleurs souvent affublé de cette collerette.

Déployer son fanon gulaire, sa collerette quelles qu'en soient la taille, la forme, la couleur et la rythmicité du signal visuel pour communiquer sexe, statut social, possession d'un territoire ou encore faire fuir les prédateurs nécessite des déplacements internes des processus de ce squelette comme un peu de physique le montre. Sous l'action d'un seul muscle qui les relie, les éléments latéraux de cet hyoïde agissent comme un levier de premier ordre dont l'existence avait déjà été envisagée par un scientifique en 1919[15]. Dans le cas du fanon gulaire, la force exercée sur le corps central se propage de proche en proche sur les baguettes centrales qui plient ou non selon leur degré de calcification[16]. Chez d'autres, le même mécanisme conduisant au déplacement relatif de ces baguettes permet d'expliquer l'expansion latérale de la gorge ou encore de la collerette, quelles que soient sa forme et sa taille. C'est le cas de lézards australiens capables d'une telle expansion latérale de la peau de la gorge variable d'une espèce à l'autre. Parmi ces lézards, une espèce unique exhibe une collerette extraordinaire, et la présence d'une région de tissu conjonctif riche en fibres de collagène appelée *cartilage de Grey*, située dans sa partie dorsale, facilite ce déploiement. Récemment, une étude acoustique a montré que cette collerette pourrait jouer un rôle de microphone directionnel[17]. Chez le varan, la forme de ce squelette est encore différente : il l'utilise pour communiquer en l'associant à du bruit produit par le passage de l'air vers les poumons. Il peut ainsi produire une communication multimodale en gonflant sa gorge de manière rythmique tout en appuyant son message visuel et en le montrant de manière non équivoque ou encore en l'associant à des postures encore plus imposantes. De même, les anoles tels que ceux de Guadeloupe exposent l'avant du corps en exhibant sa gorge comme un fanon, tandis que le varan gonfle tout le sien.

En conclusion, au cours de l'évolution, la transformation des formes des processus de ce squelette dont les mouvements sont sous un même contrôle neuromusculaire et donc un même mécanisme physique simple explique une diversité de comportements incroyable mis en place par sélection sexuelle dans un groupe de vertébrés.

CHAPITRE 12

Les lèvres : des poissons aux mammifères

Les lèvres sont un des éléments qui déterminent la morphologie oro-faciale, au même titre que le crâne chez tous les vertébrés aquatiques et terrestres. Elles sont une des caractéristiques visuelles de la face des mammifères, l'humain y compris. Porteuses de glandes salivaires dites *mineures*, les lèvres supérieures et inférieures se rejoignent au niveau des commissures pour délimiter la bouche. Comme nous le verrons, elles jouent un rôle majeur dans l'efficacité de la succion chez les nouveau-nés. Cependant, le développement labial n'est pas l'apanage des seuls mammifères, même si on y trouve les exemples les plus remarquables et, sans doute, les mieux connus, tels que la trompe des éléphants et des tapirs, ou encore les lèvres de nombreuses espèces d'herbivores, du rhinocéros à la girafe.

Plusieurs fonctions

Chez des poissons d'eau douce de la famille des cichlidés[1], les lèvres semblent être apparues de manière convergente à la suite de leur mode d'alimentation. Toutefois, le rôle de leur hypertrophie reste encore débattu. En effet, elles peuvent, à la fois, servir de système sensoriel et, en se déformant, faciliter l'aspiration de la nourriture cachée ou fixée dans les crevasses ou les trous, ou encore permettre la saisie d'aliments volumineux. Chez des ostéichtyens frugivores notamment, ces lèvres charnues sont utilisées pour attraper les fruits tombés à la surface ou dans l'eau, par exemple.

Elles peuvent également amortir les chocs lors de la recherche de la nourriture[2]. Ainsi, ces structures labiales sont imposantes chez de nombreuses espèces de poissons qui se nourrissent notamment de corail. Cette capacité pourrait dériver du développement de lèvres tubulaires épaisses formées de dizaines de replis recouverts par la peau. Ces replis produisent du mucus en abondance. Dès que les lèvres s'étalent sur le corail (ces poissons préfèrent attaquer le corail là où il est blessé), leur surface de contact entre le corail et ce mucus les protège des nématocystes des polypes du corail. Le prédateur « colle » ainsi ses lèvres au corail, facilitant l'aspiration des polypes et du mucus que ces derniers produisent également, et ce sur une petite surface bien limitée. Les lèvres ne sont donc pas utilisées pour arracher les polypes de leur support. Notons que d'autres poissons qui exploitent le corail ne possèdent pas de lèvres : ils utilisent leurs dents.

Les lèvres sont peu développées chez les reptiles. Pourtant, tout récemment, un groupe de chercheurs s'est demandé si elles n'étaient pas développées chez les dinosaures comme le *Tyrannosaurus rex* ou *T. rex* souvent représenté avec les dents supérieures visibles tout comme d'autres dinosaures carnivores (et cruels ?) comme le spinosaure ! En comparant la structure des dents et la morphologie des mâchoires, des chercheurs ont démontré que, chez ces dinosaures, les lèvres recouvraient sans doute les dents : au contraire de leur représentation dominante durant un siècle, leurs dents n'étaient donc pas positionnées comme celles des crocodiles, leur proche parent. Les dinosaures avaient plutôt une face plus proche de celle d'un lézard tel que le varan de Komodo[3]. À l'opposé, la diversité des lèvres des mammifères intervient non seulement dans le comportement alimentaire, mais également dans la communication.

Une autre forme de lèvre : la trompe

En coordination avec la langue et les mâchoires, les lèvres des mammifères terrestres et aquatiques interviennent dans la saisie des aliments. Ainsi, leur utilisation chez de nombreux mammifères aquatiques, le lamantin par exemple – nous l'aborderons un peu plus loin dans notre histoire –, commence à être connue. Quant à celle des mammifères terrestres, elle est surtout avancée sur l'éléphant. En effet, la lèvre supérieure peut se développer de manière remarquable comme c'est le cas du proboscis ou trompe des éléphants et des tapirs qui résulte de sa fusion avec le nez. Est ainsi constitué un long tuyau musculaire creux portant les narines à son extrémité libre et très mobile[4] qui, à la suite de son potentiel de déformation dans l'espace, sert à différentes fonctions : se nourrir et boire, mais aussi respirer en restant sous l'eau, jouer et entrer en contact (figure 16). Chez l'éléphant, la saisie d'objet de tailles très différentes met en jeu, de manière variable, les 40 000 muscles qui le composent[5]. La trompe de ces mammifères fonctionne comme la langue, à savoir comme un hydrostat musculaire. Elle est capable de réaliser plus de 15 stratégies comprenant des mouvements variés qui permettent de manipuler des objets de taille et de volume différents[6]. L'éléphant est ainsi capable de passer de manière précise d'une stratégie à l'autre, chacune étant une combinaison de mouvements de segments rigides qui peuvent se déplacer l'un par rapport à l'autre selon trois modes principaux : extension, torsion et courbature. Le système nerveux pourrait ainsi gérer la complexité musculaire de la trompe à l'aide de solutions mécaniques relativement simples.

L'extrémité de la trompe se termine par un système préhensile extraordinaire qui agirait, comme les doigts d'une main autour d'un crayon à dessin, en s'enroulant autour d'un objet de petite taille. Une telle structure, qui pèse plus de 100 kilos chez l'éléphant, peut se retrouver chez d'autres mammifères, comme l'éléphant de

Figure 16. Lèvres de mammifères. A) Représentation du desman, petit mammifère *Talpidae* insectivore endémique aux montagnes des Pyrénées (France-Espagne). Il chasse dans les lacs et les torrents d'eau claire. Il attrape ses proies avec sa trompe qui, à son extrémité, porte des vibrisses et des organes de toucher appelés *organes d'Eimer*, qui se retrouvent chez la taupe, par exemple (dessin réalisé par Gustav Ludwig Heinrich Mützel [1839-1893], un artiste allemand reconnu pour ses peintures de mammifères et d'oiseaux). B) Trompe de l'éléphant de mer utilisée pour communiquer. C-D) La lèvre supérieure déformable du tapir lui permet de manipuler la nourriture. E) La trompe de l'éléphant est déformable jusqu'à être complètement étendue.

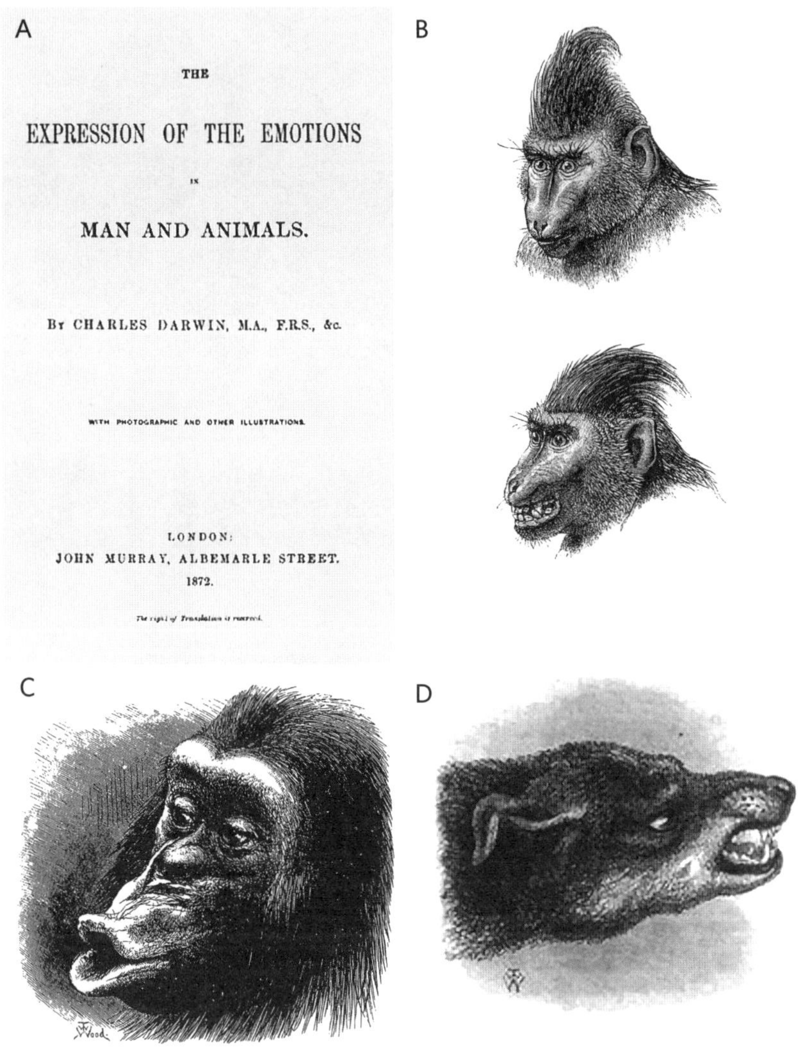

THE

EXPRESSION OF THE EMOTIONS

IN

MAN AND ANIMALS.

BY CHARLES DARWIN, M.A., F.R.S., &c.

WITH PHOTOGRAPHIC AND OTHER ILLUSTRATIONS.

LONDON:
JOHN MURRAY, ALBEMARLE STREET.
1872.

The right of Translation is reserved.

mer, où elle est utilisée pour communiquer, et chez le desman, ce petit talpidé semblable à une musaraigne qui semble également l'utiliser pour saisir sa nourriture[7]. Les lèvres des mammifères, des primates en particulier, ne sont pas seulement impliquées dans le comportement alimentaire. Elles interviennent aussi, souvent avec la langue, dans la communication non verbale et conduisent à exprimer des émotions ou des sentiments qui restent encore difficiles à réellement expliquer. Déjà Charles Darwin a illustré le mouvement des lèvres connu sous l'expression *claquement des lèvres* (*lip smacking*) en démontrant qu'un tel mouvement n'est pas propre aux humains, même lorsque ces derniers utilisent la parole pour communiquer (figure 17). Ainsi, les mouvements rythmiques de l'ouverture et de la fermeture de la bouche lors du toilettage, notamment chez des grands singes, pourraient être proches de ceux que nous, humains, utilisons pour parler. Une telle proximité ne démontre pas l'origine du langage : elle indique que les mouvements des lèvres conduisant à ce dernier pourraient être profondément inscrits chez les primates. En effet, ce rythme se retrouve également chez les macaques et les gibbons chez qui il est considéré comme inné alors qu'il serait atypique, idiosyncrasique ou appris chez l'orang-outan qui le pratique également[8]. Cette question reste donc ouverte.

◄ **Figure 17.** A) Page de titre de l'ouvrage de Charles Darwin *L'Expression des émotions chez l'homme et les animaux* publié en 1872. B-D) Exemples d'expressions illustrées dans l'ouvrage. B) Expression d'un macaque vivant notamment en Indonésie, *Cynopithecus niger*, « au repos » et, à la suite d'une caresse, exprimant sa satisfaction ». C) Expression d'un chimpanzé, les lèvres en avant, illustrant « Chimpanzé désappointé et de mauvaise humeur ». D) « Tête d'un chien qui gronde ».

Des lèvres au baiser

Les lèvres jouent un rôle majeur dans le baiser quelles que soient les circonstances dans lesquelles il est utilisé. Il suffit de se rappeler leurs rôles dans les relations sexuelles comprenant le toucher réciproque des lèvres de partenaires aux baisers rituels liés à la religion ou à toutes sortes de marques de soumission et de respect. Dans certains de ces baisers, le rôle de la langue et des échanges salivaires n'est pas du tout négligeable. Si le toucher par les lèvres est plus ou moins bien décrit chez un grand nombre d'espèces de mammifères dans des relations de proximité de type mutualisme, son origine et son rôle restent mystérieux : s'il joue un rôle majeur d'apaisement chez le chimpanzé par exemple, qu'en est-il chez l'homme ? Quel est son rapport avec le comportement alimentaire ?

Au sein des civilisations humaines, le baiser serait apparu de manière précoce puisqu'il est déjà dans les écrits sanscrits qui datent de plus de 3 500 ans. Les éthologistes ont suggéré que le baiser dériverait de la distribution de la nourriture par les mères qui mâchonnent les aliments puis les introduisent dans la bouche des bébés, comme l'ont montré des travaux réalisés dans les années 1960 notamment par des fondateurs de cette discipline tels que Irenaeus Eibl-Eibesfeldt[9] et Desmond Morris[10].

Pour conclure ?

Une diversité de formes, des mâchoires aux dents et à la langue, permet non seulement d'exploiter une diversité d'aliments solides qui apportent les nutriments et l'énergie nécessaires à la survie, mais également de communiquer et d'assurer une connaissance optimale de son environnement proche. Les caractéristiques de ces structures, de leur forme à leurs composants, sont le résultat de compromis évolutifs très largement mis en évidence pour des milliers d'espèces.

PARTIE II

De l'eau à la terre et de la terre à l'eau

CHAPITRE 13

Manger dans l'eau : des milliers d'espèces de formes différentes

Manger dans l'eau, ce fluide 80 fois plus dense que l'air, repose sur des stratégies développées par un nombre incroyable d'espèces de vertébrés, de ceux qui n'ont jamais quitté le milieu aquatique (les chondrichtyens et les ostéichtyens) à ceux qui, pour des raisons encore mal comprises, y sont retournés tels des tétrapodes reptiles et mammifères. Qu'il soit marin, saumâtre ou dulçaquicole (eau douce), le milieu aquatique constitue un lieu tridimensionnel riche en ressources alimentaires de toutes sortes, fixées ou mobiles, qui peuvent être capturées et avalées dans l'eau ou encore capturées et transportées en milieu aérien pour y être avalées comme le font différentes espèces d'oiseaux.

Au contraire de nombreux taxons chez les tétrapodes, nous, humains, sommes quasiment incapables d'attraper des proies vivantes mobiles en milieu aquatique sans le développement d'outils de préhension (figure 18). Ces technologies sont de plus en plus précises et, parfois, si pointues qu'elles ont conduit et conduisent de plus en plus rapidement à l'extermination d'innombrables espèces marines, oiseaux et mammifères en particulier. Tant que nous le pouvons encore, il est crucial de développer les moyens de mettre un terme à la surexploitation des ressources marines si nous ne voulons pas vider les océans des populations de vertébrés qui y vivent.

La diversité des vertébrés qui se nourrissent en milieu aquatique est extraordinaire. Elle a joué et joue encore un rôle essentiel dans l'évolution et la radiation de toutes les lignées de vertébrés tant

Figure 18. Techniques de pêche. A) Détail d'une scène de pêche de la tombe de Qenamon, XVIIIe dynastie sous le règne d'Amenhotep II. B) Photographie d'une partie de pêche en Afrique réalisée par un voyageur polonais, Kazimierz Nowak (1897-1937), probablement le premier Européen ayant traversé seul l'Afrique du nord au sud et du sud au nord de 1931 à 1936 à pied, à vélo et en canoë. C) Pêche à la baleine près du Cap, en Afrique du Sud. D) Pêche avec des cormorans au Japon.

au niveau de leurs formes qu'à celui de leurs stratégies comportementales. En effet, une foule d'adaptations a été mise en évidence dans un lien de type « forme-fonction » tel qu'établi de longue date comme paradigme de base dans l'étude des organismes[1]. Ces adaptations nous permettent d'essayer de comprendre comment des organismes ont évolué selon différentes trajectoires évolutives pour exploiter des ressources alimentaires aussi diverses que des végétaux, des proies fixées ou mobiles. Au cours de l'évolution, des milliers d'espèces exploitant des ressources alimentaires aquatiques particulières ont complètement disparu à certaines époques géologiques, tandis que d'autres, encore représentées de nos jours, ont connu une expansion à d'autres époques.

Toute chasse de proie par un prédateur nécessite de se déplacer à grande vitesse et de jouir d'une mobilité optimale dans l'espace liquide. Cette contrainte a conduit beaucoup d'espèces de prédateurs marins, des requins aux ichtyosaures en passant par les dauphins, à évoluer vers des caractéristiques corporelles semblables, à savoir, le plus souvent, un corps fusiforme et des nageoires profilées comme des « hydrofoils[2] ». Chez d'autres prédateurs appartenant à des taxons extrêmement différents, le système trophique s'est transformé pour filtrer en même temps des dizaines, voire des milliers de petites proies (flamant rose, requin, raie et baleine, par exemple). Depuis plus de cinquante ans, de très nombreuses recherches (essentiellement en anglais) ont analysé la capture des proies des poissons aux cétacés pour optimiser les déplacements humains sur et sous l'eau, du nageur au sous-marin. Ainsi, dans une démarche de solutions durables, les biologistes et les ingénieurs se sont inspirés de très nombreuses solutions de la nature pour les transposer à l'activité humaine, comme l'a si bien montré Emmanuelle Pouydebat dans son livre sur la bio-inspiration[3].

CHAPITRE 14

Aspirer, mordre, filtrer : autant de stratégies pour manger dans l'eau

En milieu aquatique, capturer sa nourriture, la transporter et l'avaler repose sur trois stratégies majeures : aspirer, mordre et filtrer. L'application de techniques d'imagerie de plus en plus performantes, de la vidéo à grande vitesse en laboratoire et en milieu naturel (cinématographie, cinéradiographie) aux caméras embarquées, permet de comprendre la manière dont ces vertébrés se nourrissent et de l'associer à la diversité de leurs formes, notamment au travers de disciplines appelées XROMM ou encore géométrie morphologique[1]. Des outils d'observation comme des caméras embarquées ont également mis en évidence la complexité des relations sociales, intra- et interspécifiques[2], nécessaires pour établir différentes stratégies d'acquisition de la nourriture : vaste sujet qui permet d'aborder la personnalité des individus au sein des groupes, par exemple. De telles relations qui impliquent des processus cognitifs à peine mis en lumière de nos jours ont ainsi été mises en évidence au sein des vertébrés aquatiques.

Mais revenons à ces stratégies nécessaires pour se nourrir dont la diversité ne peut que nous émerveiller. Elles sont mises en place chez des vertébrés gnathostomes qui possèdent un système trophique complètement différent. Chez les chondrichtyens, la tête est constituée d'une dizaine de pièces cartilagineuses, tandis que celle des ostéichtyens comporte une soixantaine d'os plus ou moins mobiles. Pour rappel, l'organisation osseuse de la tête est constituée de trois régions mobiles : le neurocrâne rigide, une mandibule constituée d'un seul os et l'appareil hyoïdien sur lequel la langue est greffée. Des chéloniens aux crocodiliens ou encore aux mammifères, seules les caractéristiques de ces régions changent de manière parfois surprenante, comme nous allons le voir !

CHAPITRE 15

Aspirer : un mode de fonctionnement commun

En milieu aquatique, l'utilisation de l'aspiration est un des mécanismes privilégiés pour capturer sa nourriture et ce, quelle que soit la forme de la tête, du crâne, des mâchoires ou encore de la langue. Indépendamment de la forme de leur squelette et de leur cavité buccale, aspirer nécessite d'ouvrir la gueule et de créer une dépression intrabuccale puissante et rapide qui conduit l'eau et la nourriture vers le pharynx chez tous les vertébrés (figure 19). Tandis que la nourriture est maintenue dans la cavité bucco-pharyngienne, l'eau aspirée l'est au niveau des branchies chez les poissons et constitue ainsi un courant unilatéral de l'avant vers l'arrière. Chez les tétrapodes aquatiques, elle l'est au niveau de la gueule et suit un courant bilatéral. L'aspiration résulte donc d'une déformation de la gueule consécutive aux mouvements des pièces squelettiques du crâne. Cette déformation demande force et vitesse directement liées à la musculature qui contrôle le déplacement de ces pièces, y compris le plancher buccal.

Selon le comportement du prédateur, l'aspiration conduit à plusieurs formes de comportement alimentaire le long d'un gradient entre deux modes extrêmes, dont les modalités sont directement liées au comportement de chasse du prédateur : l'aspiration *pure*, qui constitue l'unique moyen de capturer la proie (*pure suction* en anglais), et l'aspiration dite *de type bélier*, qui correspond au terme anglais *ram feeding*. Dans le premier cas, le prédateur reste presque figé – par exemple, la truite dans le courant d'eau – et aspire la proie qui passe à proximité. Dans le second cas, le prédateur, le brochet par exemple, fonce sur sa proie après l'avoir repérée à distance, en provoquant le déplacement d'une masse d'eau devant lui,

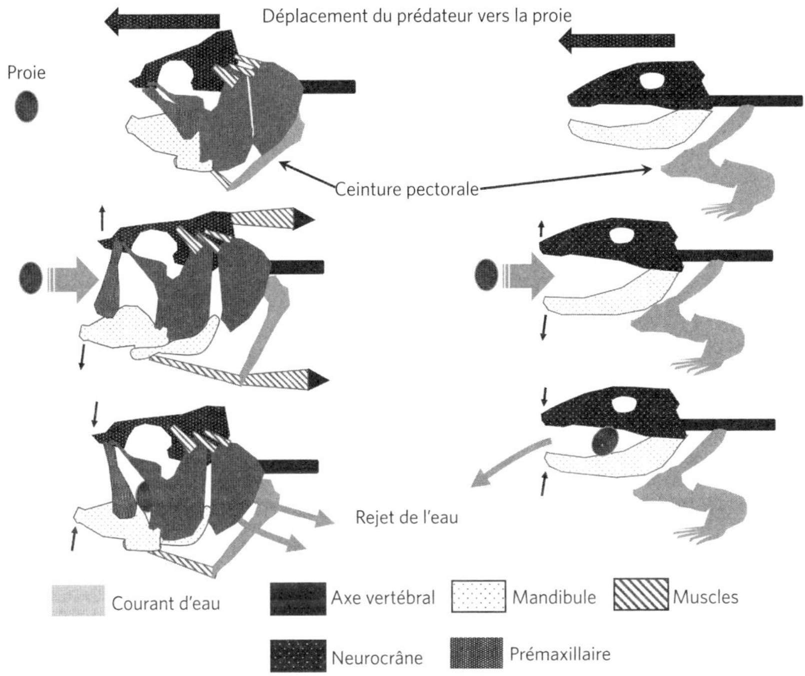

Figure 19. Comparaison des mouvements de l'eau porteurs de la proie chez les ostéichtyens et les tétrapodes, montrant le courant unidirectionnel chez les premiers et bidirectionnel chez les seconds. Les pièces osseuses sont divisées en groupes fonctionnels qui sont très mobiles les uns par rapport aux autres chez les ostéichtyens. Chez les tétrapodes, la mandibule se déplace par rapport au neurocrâne. Les flèches grises indiquent les déplacements de l'eau qui induisent ceux de la proie. Les petites flèches noires indiquent le mouvement vertical des pièces buccales. Le rapport entre le déplacement du prédateur et de la proie associée au courant d'eau permet d'évaluer le type d'aspiration. Chez les ostéichtyens, la musculature épaxiale et hypaxiale qui relie le crâne au système vertébral joue un rôle très important. La ceinture pectorale est associée au mouvement de la gueule des ostéichtyens.

à la manière d'un sous-marin ou d'un bateau. L'ouverture de la gueule et l'aspiration qui y est créée contrecarrent l'effet de cette masse d'eau et empêchent la proie d'être repoussée vers l'avant. Le prédateur peut ainsi engouffrer sa proie maintenue en position par l'aspiration. Des recherches proposent un index permettant d'établir le rapport entre le déplacement du prédateur et celui de la proie. Chaque espèce de prédateurs aquatiques qui utilisent l'aspiration se situe donc quelque part dans ce rapport[1].

Le secret de l'aspiration

Le point essentiel pour réussir une aspiration efficace est de créer une dépression intrabuccale qui entraîne l'entrée de l'eau et de la nourriture quelle qu'elle soit, comme démontré chez les « poissons » dont les pièces buccales peuvent se déplacer les unes par rapport aux autres (figure 20).

Chez les gnathostomes (vertébrés possédant des mâchoires) de type poisson – du requin et de la raie aux téléostéens et aux dipneustes –, la langue agit dans la production de cette dépression qui finalement est utilisée pour capturer et positionner la nourriture dans la cavité buccale avant d'être avalée. Cette dépression doit intervenir à un moment donné par rapport à l'ouverture de la gueule qui, en se refermant, piège la nourriture. Chez les poissons, les pièces squelettiques sont mobiles les unes par rapport aux autres et de formes extrêmement variées en lien avec le comportement alimentaire et le type de proies[2]. L'ouverture de la gueule et la dépression intrabuccale impliquent des mouvements relatifs des pièces du neurocrâne et du splanchnocrâne coordonnées de manière complexe par la musculature de la tête associée à celle du corps (musculatures épaxiale et hypaxiale) qui y joue un rôle non négligeable (figure 19). La forme de la tête et de ses composants joue donc un rôle majeur dans la nourriture sélectionnée, c'est-à-dire dans une des composantes essentielles de la niche écologique de chaque

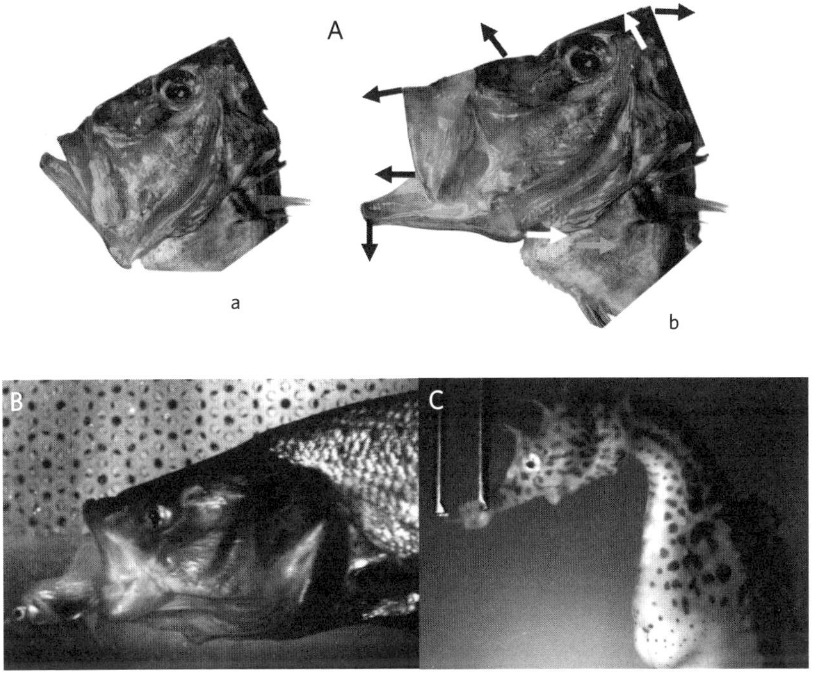

Figure 20. A-C) Avec une tête et des pièces osseuses de formes différentes, tous les ostéichtyens utilisent l'aspiration à des degrés divers pour engloutir leur proie. Démonstration de la mobilité des pièces buccales chez le poisson saint-pierre lors de la capture des proies (a-b). Les flèches noires montrent le déplacement vertical, et les flèches blanches, les mouvements latéraux des pièces osseuses. Les flèches grises indiquent le mouvement de la ceinture scapulaire. B-C) Aspiration d'une proie par des téléostéens qui groupe plus de 99 % des espèces de type actinoptérygien (poisson osseux) avec des formes de têtes différentes. L'abaissement du plancher buccal produit par l'appareil hyobranchial et la langue (non visible) est très nettement visible en (B). La déformation de la région antérieure de la gueule en avant de la tête est largement visible sur cette image fixe d'une séquence de capture réalisée par un hippocampe.

espèce. Ainsi, à titre d'exemple, la protraction du prémaxillaire joue un rôle majeur dans les mouvements de la mâchoire supérieure. Le transport de la nourriture se fait lors de cette aspiration qui peut être largement aidée par le mouvement de dents situées sur les arcs pharyngiens. C'est le cas pour de nombreuses espèces de poissons osseux, y compris le « poisson rouge ».

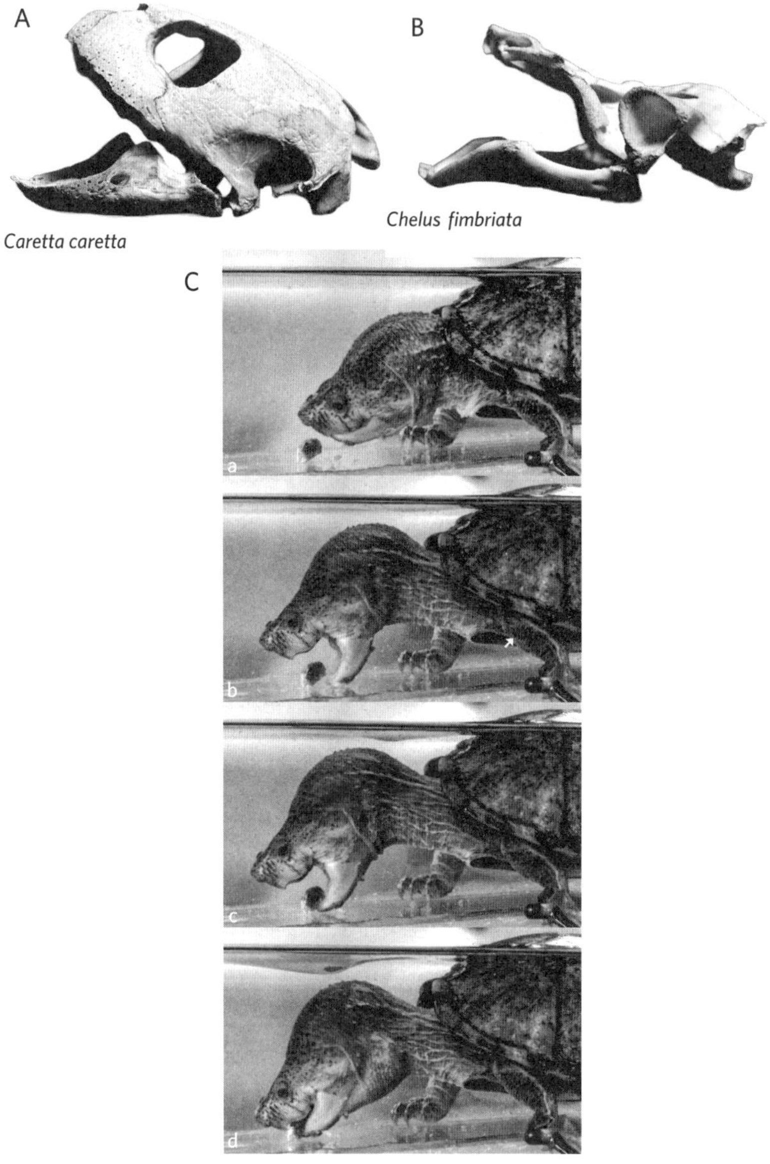
A
B
Chelus fimbriata
Caretta caretta
C
a
b
c
d

Chez les chéloniens aquatiques, la déformation du plancher buccal associée à l'ouverture de la gueule permet d'engouffrer toutes sortes de nourritures, des proies vivantes aux végétaux, quelle que soit la morphologie de leur crâne (figure 21).

◄ **Figure 21.** Le crâne des chéloniens (tortues) montre une diversité remarquable associée à leur comportement alimentaire (A-B). A) Une tortue marine. B) La tortue appelée matamata du bassin amazonien. Indépendamment de cette forme du crâne, ces tortues utilisent à différents degrés la succion pour appréhender leur nourriture. C(a-d) : chaque image est séparée de 0,04 seconde. Pour capturer leurs proies, de l'aspiration à la morsure, elles utilisent différentes stratégies. La flèche blanche indique le mouvement de la proie créé par l'aspiration provoquée par la tortue *Sternotherus minor* qui glisse sa mandibule vers la proie (film à 250 hertz).

CHAPITRE 16

Mordre : une stratégie aussi efficace

Mordre est un autre mode de capture pratiqué par de très nombreuses espèces de vertébrés aquatiques qui chassent sous l'eau ou capturent des proies qui nagent. C'est le cas des crocodiles lors des célèbres migrations des grands herbivores en Afrique. Pour mémoire, les crocodiliens actuels (figure 22) qui ont une origine terrestre sont retournés secondairement au milieu aquatique. Ils y chassent différents types de proies. Certaines espèces, essentiellement piscivores comme les gavials, ont la force de morsure sans doute la plus imposante ou, du moins, parmi les plus imposantes chez des vertébrés terrestres et aquatiques. Liée à la masse de ces animaux et à leur capacité musculaire, cette force varie d'une espèce à l'autre.

Une morphologie pour la préhension

Différents mammifères capturent également leur nourriture, y compris des proies mobiles, par une simple morsure. Il en est de même pour ceux qui se nourrissent du matériel végétal disponible. C'est le cas des siréniens : uniquement herbivores, ils montrent un fonctionnement dentaire très spécialisé leur permettant de mastiquer réellement les végétaux angiospermes qui constituent l'essentiel de leur alimentation (figure 23). Ces plantes vasculaires sont fixées dans le substrat par leur rhizome. Représentants actuels de ce groupe, les lamantins et les dugongs mangent chaque jour ces végétaux à raison d'environ 10 % de leur masse corporelle qui peut atteindre 1 500 kilos. Ils passent donc plus de 40 % de leur temps à se nourrir de plantes submergées, même si des observations

Figure 22. A) Crocodiliens au repos sur terre ferme. B) Tête de gavial montrant la disposition des dents chez une espèce piscivore. C) L'extrémité du museau montre chez le mâle un développement d'une extension de la région nasale appelée *ghara*. D) Séquence du transport de la nourriture décrite comme étant dû à son inertie produite par le mouvement brusque de la tête.

récentes montrent que ces animaux peuvent aussi consommer des mollusques, des méduses et même des poissons. Ils se nourrissent également de végétaux flottants. Le comportement alimentaire de ces animaux menacés partout où ils vivent, le dugong notamment, est particulièrement intéressant. N'oublions pas que l'homme a déjà fait disparaître en quelques dizaines d'années après sa découverte la plus imposante espèce de siréniens, la rhytine de Steller[1]. Décrit pour la première fois en 1741, cet animal était connu et chassé de longue date par les populations humaines locales dans le détroit de Béring. Aujourd'hui connu uniquement par des descriptions et des squelettes, ce sirénien qui pouvait atteindre 9 mètres était considéré comme un animal monstrueux, ainsi que le présentait en 1892 l'auteur anglo-saxon Henry Neville Hutchinson reconnu pour ses écrits populaires.

Au cours de l'évolution, ces siréniens ont développé un rostre diversement infléchi vers le bas. Cette inflexion qui varie d'une espèce à l'autre est vraisemblablement en lien avec le comportement alimentaire. Ainsi, les dugongs montrent une inflexion du crâne de l'ordre de 70 degrés, alors que le rostre des lamantins montre une inflexion plus faible, de l'ordre de 15 à 40 degrés. À titre d'illustration, les lamantins qui vivent dans des eaux troubles en Afrique se nourrissent principalement de plantes flottantes. L'inflexion de leur rostre mesurée entre 30 et 50 degrés environ est, par conséquent, intermédiaire entre celle de lamantins d'Amazonie et celle de dugongs. Ce constat indique une relation entre la morphologie du crâne et la disponibilité des ressources alimentaires et ce, au même titre que le fameux exemple des pinsons de Darwin. Pour se nourrir, ces animaux coupent les feuilles ou déracinent complètement les plantes en utilisant peut-être leurs incisives qui sont plus développées et plus usées chez les mâles, même si celles des femelles plus âgées peuvent également être plus longues. Ces dents pourraient avoir évolué en lien avec une autre fonction et ainsi servir dans les relations sociales comme le font les défenses des éléphants.

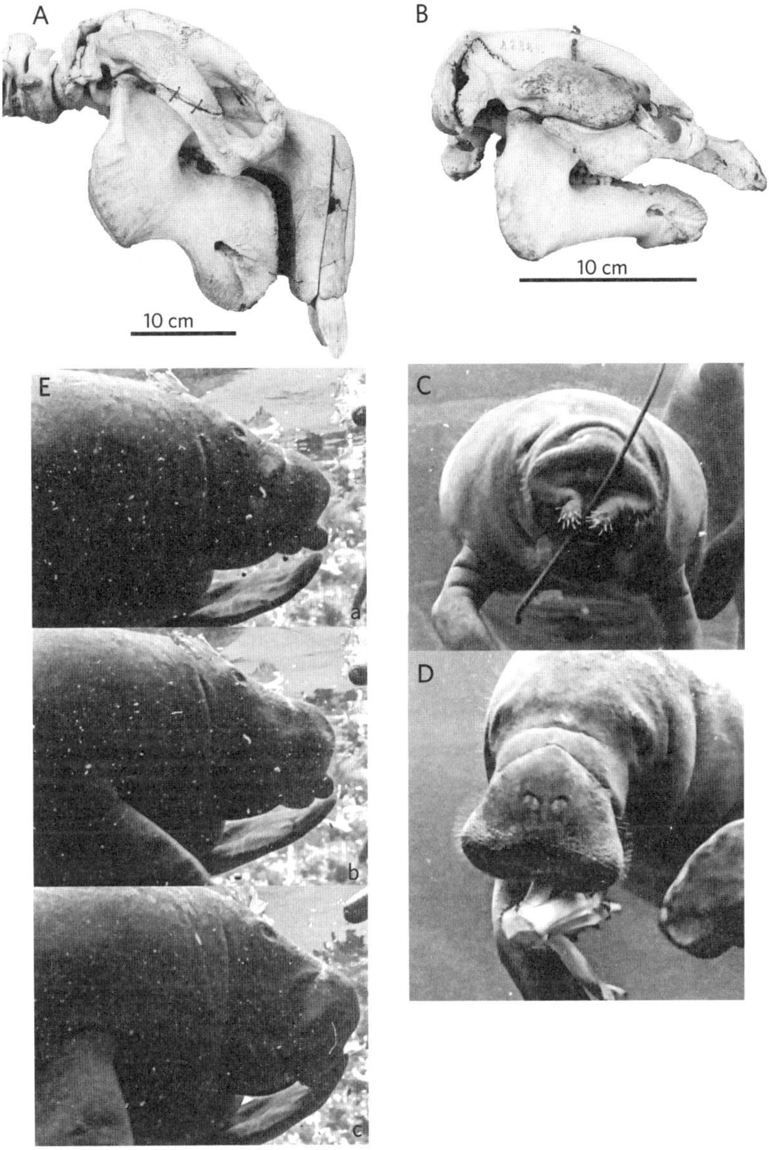

Figure 23. Siréniens. A) Crâne de dugong. B) Crâne de lamantin. C-D) Les lèvres du lamantin sont particulièrement développées pour lui permettre de manipuler les plantes aquatiques. E) Cet animal s'aide souvent de ses membres antérieurs pour assurer cette manipulation.

Les lèvres de ces siréniens sont aussi des plus extraordinaires. L'hypertrophie de leur musculature oro-faciale joue un rôle majeur dans leur comportement alimentaire, y compris la préhension, la manipulation et l'introduction dans la bouche des végétaux dont ils se nourrissent. Les vibrisses (longs poils) modifiées sur la lèvre aussi bien dorsale que ventrale jouent ainsi un rôle sensoriel et moteur très important dans l'acquisition et la manipulation de la nourriture. La morphologie faciale et sa musculature, ainsi que les vibrisses organisées en quatre séries sur la lèvre dorsale et deux sur la lèvre ventrale forment des siréniens et constituent un complexe oral et musculaire de vibrisses spécialisées qui, en plus de leur fonction sensorielle, procurent à ces dernières une fonction motrice novatrice. Pour mémoire, les vibrisses sont utilisées uniquement pour assurer une détection tactile chez les autres mammifères, le chat par exemple. Toutefois, cette spécialisation des vibrisses est différente chez les deux types de siréniens actuels : dugong et lamantin. Leur agencement chez le dugong est adapté à la recherche de sa nourriture – plantes marines et leurs rhizomes. Ces animaux qui souvent fouillent le substrat pour y trouver leur nourriture ont ainsi une niche écologique assez étroite. En revanche, les spécialisations et l'arrangement de ses vibrisses octroient au lamantin une capacité de préhension qui lui permet vraisemblablement de consommer une plus grande diversité de végétaux et contribue à sa niche écologique généraliste.

CHAPITRE 17

Et la manne de petites proies ?

Même si aspirer et mordre sont les deux moyens les plus courants pour se nourrir dans l'eau, la diversité des ressources alimentaires a conduit à une autre solution pour se nourrir : la filtration. Essayez donc de mordre des proies microscopiques qui, par millions, nagent dans l'eau ou qui vivent à la surface des sédiments où elles constituent un biofilm[1]. Ces organismes tels que des bactéries du plancton ou encore des crustacés mobiles peuvent être avalés d'un coup en très grande quantité par des prédateurs qui y trouvent une manne de nourriture facilement exploitable pour une faible dépense d'énergie. Toutefois, cette manne ne peut être utilisée par les vertébrés, fossiles et actuels, sans des innovations morphologiques et comportementales permettant de se nourrir et nécessitant impérativement d'éliminer la plus grande quantité d'eau possible.

La filtration, tout un art

La sélection naturelle a donc mis en place un mode très particulier, finalement répandu au sein de toutes les lignées de vertébrés, des poissons aux mammifères, qui vivent de manière permanente ou non en milieu aquatique : la filtration. Le principe de ce fonctionnement, nous le connaissons, puisque nous utilisons des filtres de forme, de taille et de mailles très différentes permettant de séparer une phase solide – la nourriture pour ces animaux – d'une phase liquide, tout en empêchant le colmatage des pores – un problème majeur à résoudre ! Sans doute la filtration a-t-elle d'abord été mise au point dans différentes civilisations pour purifier l'eau de ces éléments solides, comme le démontrent des textes et des illustrations anciennes de plus de 2 000 ans avant J.-C. Ainsi, les Égyptiens ont sans doute été parmi les premiers à utiliser des filtres en céramique. Le père de la médecine occidentale, Hippocrate, qui vécut probablement de 460 à 377 avant J.-C., découvrit l'intérêt de la filtration pour séparer les sédiments et l'eau. La pêche qui repose sur le développement de filets de mailles très différentes n'est-elle pas un type de filtration qui permet de piéger une masse d'organismes de toutes sortes vivant dans l'eau ? Le canard, le flamant rose ou la baleine ne font rien d'autre !

Les méthodes utilisées par ces animaux ont été optimisées de multiples manières par l'homme pour récupérer des matériaux solides – des pierres précieuses, par exemple – ou pour séparer des polluants de l'eau. Ainsi, le mécanisme décrit par les ingénieurs comme « une filtration à ricochet » utilisée chez la raie manta a inspiré la construction de filtres dits *à pas croisés* destinés à capter des colonies d'organismes nuisibles et des microparticules de plastique qui envahissent les mers.

Filtrer pour se nourrir

Toutes sortes de vertébrés de différentes lignées ont développé la filtration comme moyen de se nourrir… ou non. Chez les vertébrés, filtrer ne consiste donc pas à purifier l'eau mais, au contraire, à récupérer la manne de nourriture solide tout en rejetant l'eau alors débarrassée d'un maximum d'éléments filtrés retenus dans la gueule. Le développement de techniques poussées d'observations et de mesures telles que l'imagerie ou l'application des principes de la physique ont permis d'établir le fonctionnement des différents modes de filtration utilisés par ces animaux pour se nourrir.

Un grand nombre de vertébrés filtreurs ont existé et existent sur notre planète à différentes époques géologiques. Ils y exploitent

A

B

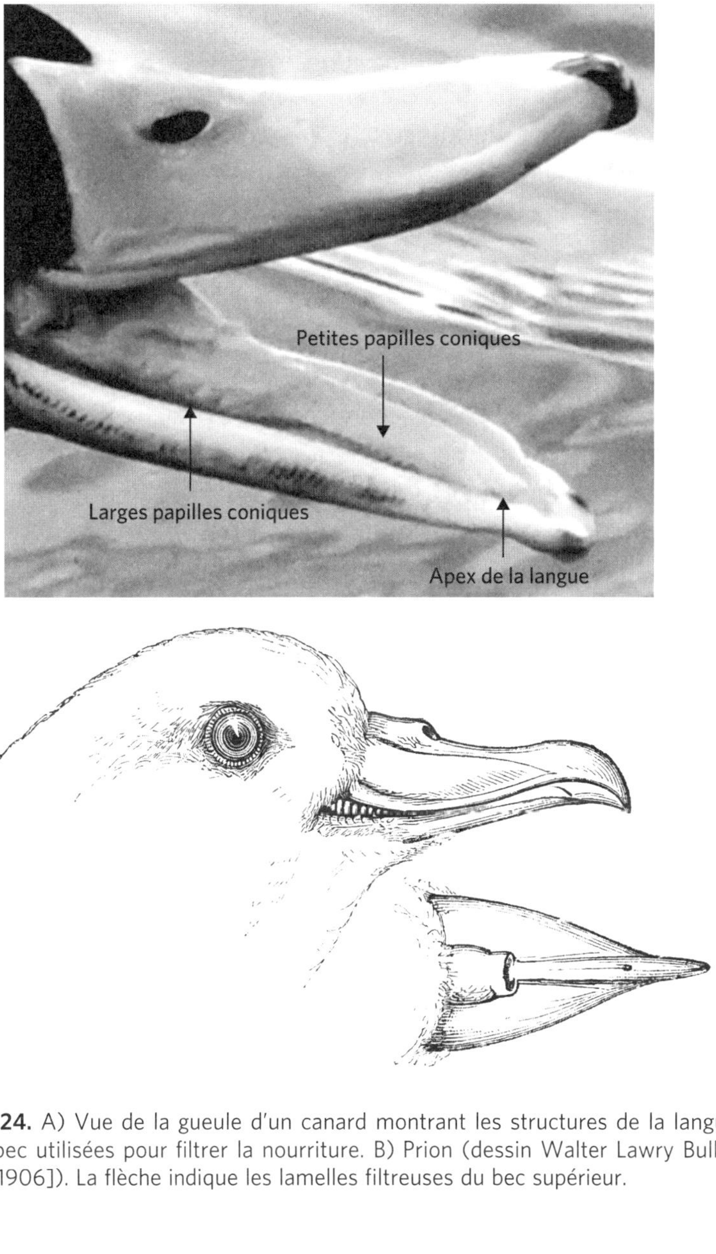

Figure 24. A) Vue de la gueule d'un canard montrant les structures de la langue et du bec utilisées pour filtrer la nourriture. B) Prion (dessin Walter Lawry Buller [1838-1906]). La flèche indique les lamelles filtreuses du bec supérieur.

des sources de nourritures, en suspension passive ou active, très différentes avec des morphologies très différentes, mais fonctionnant finalement comme un système de filtration. Ainsi ont pratiqué des ptérosaures, ces reptiles volants ayant vécu entre 230 millions d'années (Trias supérieur) et 66 millions d'années (fin du Crétacé). Parmi eux, *Pterodaustro* (1,3 mètre d'envergure ; 113-100 millions d'années) filtrait sa nourriture grâce à de très fines dents situées sur la mâchoire supérieure[2]. De son côté, *Balaenognathus* (1,2 mètre d'envergure ; 201-145 millions d'années), découvert en Allemagne, possédait des mâchoires supérieures et inférieures évasées vers l'avant et couvertes, sauf à leurs extrémités, d'environ 480 dents en forme d'aiguilles terminées par un crochet. Disposées en miroir sur les deux mâchoires, ces dents forment une espèce de tamis pour filtrer du krill[3] ou du plancton et s'en nourrir. De plus, l'énorme densité de petits mollusques dans les coprolithes de ces reptiles est un argument supplémentaire pour démontrer qu'ils utilisaient principalement la filtration de petites proies en suspension pour se nourrir (figure 28)[4]. Si des espèces telles que celles décrites ci-dessus ou encore les baleines à fanon ou le flamant rose utilisent uniquement la filtration pour se nourrir, d'autres telles que les canards et les oies peuvent se nourrir de différentes manières : soit elles filtrent leur nourriture, soit elles se nourrissent de végétaux dans l'eau ou sur terre[5]. Les structures trophiques utilisées pour se nourrir sont donc soumises à un compromis évolutif appelé *trade-off* dans lequel plusieurs fonctions qui peuvent agir en même temps sculptent les caractéristiques observées qui sont vouées à optimiser les deux modes alimentaires. Un tel compromis peut conduire à des structures lamellaires du bec et papillaires linguales spécialisées comme décrites ci-après pour le flamant rose. Néanmoins, l'organisation de ces papilles est très variable. À titre d'exemple, chez les canards et les prions notamment, des papilles filiformes situées entre d'autres de forme conique permettent de filtrer le biofilm à la surface du sédiment (figure 24). Le nombre,

Figure 25. A) Posture du tadorne adulte en train de filtrer. B) La filtration peut se faire chez différentes espèces de canard, à différents âges selon le principe du contexte écologique-dépendant. Le canard colvert juvénile filtre le biofilm à la surface du sédiment. C) Anatomie du bec du canard souchet particulièrement adapté à la filtration. Son bec possède des lamelles filtrantes développées sur la rhamphothèque sur les bords du bec supérieur et inférieur. (Li : lamelles sur le bec inférieur ; Ls : lamelles sur le bec supérieur ; Ra : rhamphothèque.)

la forme, l'orientation et la distribution des lamelles du bec et des papilles sur leur langue varient donc selon l'importance des différents modes d'alimentation puisque les canards peuvent filtrer ou arracher des végétaux pour se nourrir[6].

Chez les oiseaux filtreurs dont les six espèces de flamants roses qui se répartissent sur les continents européen, africain (deux espèces) et américain (quatre espèces), des Andes aux Caraïbes, le déplacement de l'eau et des aliments solides en suspension est provoqué par les mouvements rythmiques de la langue. Chez toutes ces espèces, le mécanisme dépend donc du système de filtration : des lamelles qui garnissent la rhamphothèque supérieure et inférieure et/ou des papilles transformées rangées latéralement sur la langue (figure 24).

Le flux d'eau chargée de particules ou de proies est provoqué par les mouvements rythmiques du bec qui fonctionne comme une pompe et de la langue qui agit comme un piston. Ainsi, le canard souchet, uniquement filtreur, qui fouille la tête dans l'eau en barbotant, possède plus de 400 lamelles sur le bec supérieur et 200 sur le bec inférieur pour tamiser les particules alimentaires, alors que les autres canards partiellement filtreurs n'en possèdent que 50 à 70. Il en est de même de la forme du bec contrainte par les différents comportements alimentaires. Ainsi, les oies dotées d'un bec à la forme proche de celui du canard sont de bonnes filtreuses, alors que celles qui ont un bec de type classique l'utilisent pour couper les végétaux, comme le fait l'oie bernache cravant. La diversité du mode alimentaire des oies en général et les caractéristiques polyvalentes de leur système trophique expliquent donc leur capacité à manger les graines ou le pain jeté par l'homme (figure 25). Un tel mécanisme se retrouve dans d'autres cas de figure, par exemple chez la girafe quand elle boit.

CHAPITRE 18

La tête des filtreurs : un tamis !

Tous les vertébrés filtreurs vivent dans des habitats très différents constitués principalement d'eau douce, saumâtre ou marine. Au cours de l'évolution, des structures et des comportements alimentaires différents ont été mis au point pour acquérir la nourriture par filtration. Ainsi, un grand nombre de « poissons » de tailles et de formes différentes – ils représentent environ 25 % de la totalité des espèces groupées sous ce terme – ont développé ce mode d'alimentation. Chez les élasmobranches[1], les requins et les raies qui se nourrissent par filtration ont atteint les tailles les plus grandes, une telle évolution s'est faite de manière indépendante selon un processus appelé « convergence évolutive » Chez les oiseaux, la filtration a conduit à une spécialisation de la forme de la langue et des structures internes du bec.

Un mode d'alimentation élaboré

La filtration de particules alimentaires chez les vertébrés montre donc des spécificités intéressantes soulignant la diversité des structures et des mécanismes impliqués dans un même mode alimentaire qui permet d'exploiter des matières de différentes tailles en suspension selon le principe de fonctionnement d'un tamis. Cette particularité du processus de la sélection naturelle, au sens de Charles Darwin, est appelée « évolution convergente ». Pour expliquer le succès de ce mode d'alimentation, la gueule des animaux qui le pratiquent peut être considérée comme un cylindre ouvert à l'avant. Celui-ci s'ouvre alors à l'arrière ou sur les côtés par les espaces situés entre les arcs branchiaux, les excroissances de la kératine du bec ou

A
B
C
D

encore les fanons. Qu'elle soit permanente ou cyclique, l'ouverture en avant du cylindre permet aux particules ou aux proies de tailles différentes d'entrer dans la cavité buccale et d'y être retenues. Le mouvement de l'eau dans le cylindre buccal permet de déterminer différents mécanismes mis au point au cours de l'évolution pour assurer de manière efficace la séparation des matières solides du liquide et, aussi, empêcher le colmatage des pores du tamis par la formation de flux croisés et de vortex[2].

Dans le cas d'un tamisage simple, les particules retenues sont de taille supérieure à celle des pores. Ce tamis peut se boucher plus ou moins rapidement bien que cette technique soit utilisée par de très nombreuses espèces de « poissons ». La filtration à flux croisés est semblable à celle du tamis (figure 27). Toutefois, le flux entrant étant parallèle aux ouvertures de sortie de l'eau et non plus perpendiculaire à ces dernières, le risque de colmatage du tamis est réduit.

Qu'il soit du type requin (comme le requin-baleine ou le requin pèlerin) ou du type ostéichtyens (comme le spatulaire ou poisson-spatule), ou encore actinoptérygiens (comme l'esturgeon), le comportement filtreur des poissons repose sur ces mécanismes. L'eau chargée en nourriture entre de manière passive dans la cavité buccale et continue à la suite du déplacement vers l'avant de l'animal qui nage en pleine eau ou en surface. La nourriture solide est ainsi amenée à proximité des espaces entre les arcs branchiaux limités par des branchiospines. Elle peut alors passer sur les filaments branchiaux qui permettent les échanges gazeux assurant la respiration. Ces branchiospines sont de petites excroissances de formes très différentes d'une espèce à l'autre, portées par les arcs branchiaux du côté de la cavité pharyngienne. Elles retiennent les particules alimentaires qui se concentrent au fur et à mesure vers l'entrée de l'œsophage.

◄ **Figure 26.** A-C) Les oies sauvages (bernaches) et domestiquées sont capables d'ingurgiter des aliments non filtrés. D) Les canards (colverts) peuvent exploiter d'autres types de nourriture que le biofilm par filtration. Ils se nourrissent sans difficulté de déchets humains car leur système trophique leur permet d'exploiter des ressources alimentaires très diversifiées.

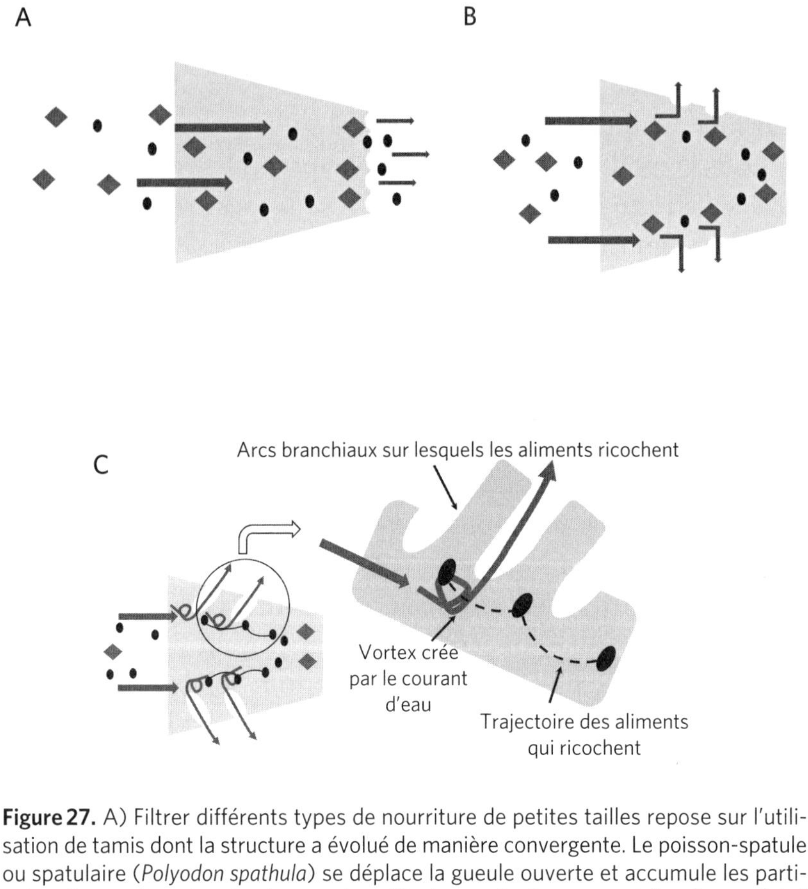

Figure 27. A) Filtrer différents types de nourriture de petites tailles repose sur l'utilisation de tamis dont la structure a évolué de manière convergente. Le poisson-spatule ou spatulaire (*Polyodon spathula*) se déplace la gueule ouverte et accumule les particules alimentaires dans le pharynx. La taille des particules concentrées dans celui-ci dépend de la taille des espaces entre les arcs branchiaux. B) Les cétacés mysticètes tels que la baleine boréale filtrent l'eau contenant ses proies en créant un écoulement tangentiel de l'eau. C) La raie manta crée de petits vortex conduisant les particules alimentaires qui sautent réellement d'un arc branchial à l'autre.

La filtration perfectionnée des raies mantas

Un autre mécanisme encore plus spécialisé pour filtrer la nourriture a été mis en évidence chez les raies mantas. Ces élasmobranches qui peuvent atteindre 8 mètres de long pour une masse de 2 tonnes avec une gueule de plus de 1 mètre de profondeur se nourrissent de petites proies de tailles très différentes allant de 50 micromètres (zooplancton) à plus de 500 micromètres (mésoplancton)[3]. Ils utilisent une technique spécifique impliquant le ricochet des particules alimentaires sur les arcs branchiaux cartilagineux, dont la forme est très particulière, pour les amener vers l'entrée de l'œsophage. Ainsi, même les plus petites particules ne pénètrent pas dans l'espace entre les arcs, et le système de filtration ne se colmate pas.

La perfection du bec des flamants roses

Chez les flamants roses, qui appartiennent à la famille des *Phoenicopteridae* (dont le nom a été proposé par Charles Lucien Bonaparte, zoologiste français fils de Lucien Bonaparte, un des frères de Napoléon Ier), la filtration est l'unique moyen sélectionné par l'évolution pour se nourrir. Ces oiseaux possèdent un bec supérieur qui forme une sorte de peigne (figure 28). En effet, leur rhamphothèque porte des séries de lamelles de kératine de deux types : 60 à 80 grandes lamelles marginales et des plus petites lamelles submarginales avec les dents pointant vers l'intérieur dont la hauteur augmente de l'avant vers l'arrière du bec. Les lamelles submarginales apparaissent souvent sous la forme de petites dents derrière et entre une paire de lamelles marginales. Les bords du bec inférieur sont également dentelés, en forme de lames qui s'opposent à la série des lamelles du bec supérieur. Les lamelles sont donc variables en forme, en taille et en espacement le long du bec et entre les espèces. Par conséquent la maille du tamis qu'elles forment varie également. De plus, les flamants roses possèdent un bec unique, courbé vers le bas, dont la courbure varie d'une espèce à l'autre (plus de 50 degrés chez le flamant rose des Caraïbes). Dès qu'ils se nourrissent, leur bec, plongé dans l'eau, est donc déplacé à proximité du substrat. Les mouvements de la tête et des pattes mettent leur nourriture en suspension. Coordonnés avec leur comportement de filtration, ces oiseaux effectuent souvent des tremblements de pattes en tournant sur place. Au cours de la phase de filtration, l'eau entre en avant dans l'espace libéré dans la gueule lorsque la langue se rétracte. Elle est expulsée en arrière lorsque la langue avance de nouveau. Progressivement, cette phase de filtrage se transforme en une phase de transport : les aliments

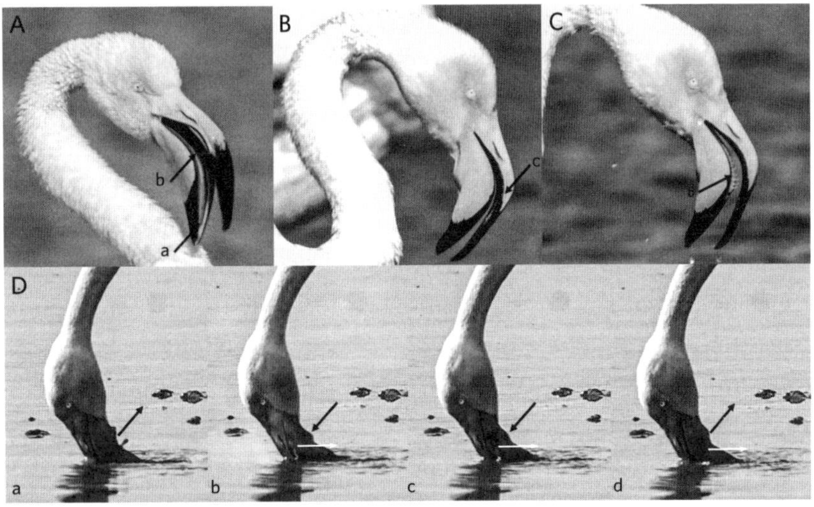

Figure 28. Filtration chez le flamant rose. A-C) Le bec supérieur du flamant rose porte des lamelles, et la langue, des papilles transformées sur sa partie postérieure. D) En utilisant la langue comme un piston (flèche noire), le flamant rose crée une dépression à l'intérieur du bec pour y faire pénétrer l'eau par son extrémité (a), puis la rejette (b-c) jusqu'à recommencer ce mouvement (d). L'eau est filtrée et ressort libérée des particules alimentaires par les bords latéraux de son bec (flèche blanche). Les flèches noires montrent les mouvements de la langue qui avance (b, c) et recule (d) de manière cyclique dans la cavité buccale.

collectés au niveau de la courbure du bec sont transportés dans le pharynx et s'accumulent ainsi sur la base de la langue. Suit alors la phase de déglutition au cours de laquelle le bol alimentaire est transporté du pharynx dans l'œsophage par la langue. Toutes ces phases se font lorsque la tête de l'animal est sous l'eau.

CHAPITRE 19

De l'aquatique au terrestre et du terrestre à l'aquatique : une histoire extraordinaire

Nous, humains, sommes des vertébrés tétrapodes terrestres. Nous appartenons à un ensemble d'espèces appelé *sarcoptérygiens*, qui comprend aussi les poissons à nageoires en forme de lobe (le cœlacanthe actuel, par exemple) (figure 29) et des poissons avec des nageoires pectorales fines et allongées qui possèdent un poumon leur permettant de respirer l'air comme les dipneustes tel le protoptère, par exemple. Du point de vue évolutif, c'est au sein de cet ensemble que le passage à la vie terrestre a réellement réussi chez les vertébrés. Au contraire de nos ancêtres vertébrés lointains, qui ont quitté le milieu aquatique il y a environ 350 millions d'années, nous, humains, sommes en fait des sarcoptérygiens incapables de manger dans l'eau.

Figure 29. Cœlacanthe. Un des spécimens historiques taxidermisés conservés au Muséum national d'histoire naturelle de Paris montrant la forme globulaire des nageoires pectorale.

À la découverte d'un animal extraordinaire que l'on croyait disparu

Les « poissons » à nageoires « en forme de lobe » étaient connus de longue date sous la forme de très nombreux fossiles tels ceux décrits par le fameux ichtyologue[1] suisse Louis Agassiz (1807-1873) réputé pour être un des derniers grands zoologistes du XIXe siècle ayant rejeté la théorie de Charles Darwin. Ils l'étaient également sous le nom de « gombessa » par des pêcheurs au large des Comores. Les scientifiques les ont, eux, découverts seulement dans les années 1930. Deux espèces de cœlacanthe du genre *Latimeria* sont actuellement décrites : *Latimeria chalumnae* vit le long des côtes est d'Afrique du Sud à proximité des Comores, tandis que *Latimeria menadoensis* vit au large de Célèbes (Indonésie). Pour mémoire, le *Latimeria* a été découvert en 1938 par Marjorie Courtenay-Latimer (1907-2004), conservatrice du muséum d'East London (ville portuaire d'Afrique du Sud) à l'occasion de l'inspection d'une prise d'un pêcheur, Hendrik Goosen. N'identifiant pas le spécimen dont elle disposait, elle le fit taxidermiser. À sa demande, il a été expertisé par un célèbre ichtyologue sud-africain James Leornard Brierley Smith (1897-1968). Dans une publication datée de 1939, il identifia une espèce vivante proche de fossiles déjà décrits dans différentes régions du globe en milieux marin, saumâtre et dulçaquicole. Il lui donna le nom de *Latimeria* en l'honneur de Marjorie Latimer. Cette même espèce dont les femelles sont plus volumineuses que les mâles et qui fut découverte aux Comores en 1952 vit uniquement en milieu marin à une profondeur variable de 150 à 700 mètres le long des côtes de Tanzanie, du Mozambique, des Comores et de Madagascar[2]. Elle a largement été étudiée de manière scientifique par des méthodes d'abord destructives et, plus récemment, non invasives[3]. Découverte en Indonésie seulement en 1999, une seconde espèce montre une ressemblance génétique de 98,7 à 99,7 % avec *L. chalumnae*, avec un taux de divergence génétique de l'ordre de 6 à 8 millions d'années, taux semblable à celui qui peut être évalué entre le chimpanzé et l'homme[4]. La ressemblance entre les animaux actuels et les fossiles leur a valu le surnom de « fossile vivant » et même d'« espèces primitives », termes absolument non appropriés au sens de l'évolution. Pour mémoire, depuis leur découverte, plus de 300 spécimens ont été prélevés de leur habitat. Le nombre restant estimé entre 500 et 2 000 est en outre soumis à la pression humaine, notamment le long des côtes de Tanzanie, alors même qu'il n'a pas de valeur réelle de pêche. Il pourrait en outre subir l'impact du réchauffement climatique. Le comportement alimentaire de ces animaux qui peuvent atteindre entre 1,30 et 1,60 mètre, voire 2 mètres et peser jusqu'à 100 kilos est encore peu connu. Comme une grande majorité de poissons, ils sont capables d'aspirer leurs proies et/ou de les mordre. La présence des articulations situées entre les os du crâne pourrait être impliquée soit dans le mécanisme d'aspiration, soit dans la force de morsure nécessaire pour capturer des proies de grande taille[5].

Vivre dans l'eau et sur terre : une évolution complexe

Si, au cours de leur évolution, certains vertébrés sont passés de l'eau à la vie terrestre, d'autres en revanche sont retournés dans le milieu aquatique et s'y sont adaptés. Ceux qui vivent à la surface de l'eau s'y nourrissent de manières très diversifiées. C'est le cas de ces nombreux oiseaux qui y capturent leurs proies ou plongent pour les poursuivre et les attraper, à la façon des grèbes. Il en va de même de mammifères comme les loutres. Ceux qui vivent dans l'eau durant la majeure partie du temps, comme les pinnipèdes, les pingouins et autres manchots, reviennent sur la terre ferme ou la glace pour se reproduire. Les pinnipèdes, notamment, comme le veau marin qui peuple les côtes françaises, chassent leurs proies uniquement dans l'eau mais passent un temps variable sur terre pour s'y reposer et s'y reproduire. Certains taxons comme les cétacés retournés en milieu aquatique y vivent quant à eux de manière permanente.

D'autres encore vivent essentiellement dans l'eau sauf pour se nourrir. C'est le cas de l'hippopotame qui constitue un groupe de mammifères phylogénétiquement lié aux cétacés du point de vue moléculaire. Ce taxon est représenté à l'heure actuelle par deux espèces : l'hippopotame amphibie qui colonise les eaux d'Afrique subsaharienne et l'hippopotame pygmée qui survit dans les forêts et les marécages d'Afrique de l'Ouest. Ce dernier présente moins d'adaptation à la vie aquatique que l'énorme hippopotame amphibie. Des études génétiques et morphologiques récentes démontrent que des vertébrés retournés au milieu aquatique, de l'hippopotame à la baleine, présentent des adaptations à la vie aquatique semblables au niveau de leur développement cranio-facial, de leur système immunitaire et des propriétés de leur peau.

L'hippopotame amphibie, ce mégaherbivore qui vit principalement dans les eaux douces d'Afrique est particulièrement intéressant. Pesant plus de 1 000 kilos, il se nourrit chaque jour de 40 à 50 kilos de matière végétale sèche qu'il exploite principalement sur terre durant la nuit. Ce comportement conduit à un passage de matière organique riche en nutriments tels que le phosphate et le sodium vers le milieu aquatique. Cet énorme herbivore qui joue un rôle majeur de bio-ingénieur dans son habitat africain[6] a été introduit en Colombie (Amérique du Sud) par le criminel Pablo Escobar dans son Hacienda Nápoles. Les animaux importés ont été abandonnés lors de la confiscation de ses biens quatorze ans plus tard. Ils ont pu envahir la zone de la rivière Magdalena à proximité de leur lieu de captivité. Depuis lors, leur population, qui a pu se développer jusqu'à une distance de 150 kilomètres de ce lieu, atteint, à l'heure actuelle, sans doute entre 90 et 150 individus vivant en Colombie. Leur population pourrait atteindre plus de 230 individus en 2035 et 1 000 en 2050[7]. Leur comportement notamment alimentaire peut modifier les caractéristiques des habitats aquatiques : par exemple, les populations de bactéries qui les peuplent à la suite de leur défécation dans les zones qu'ils envahissent dans cette région, voire celles de toute l'Amérique du Sud qu'ils sont capables d'envahir au vu de la croissance exponentielle de cette population[8]. Une telle modification, notamment par l'augmentation des cyanobactéries, peut conduire à l'eutrophisation[9] et, *in fine*, à la dégradation complète des milieux envahis.

Quitter l'eau…

Une des grandes innovations des vertébrés est donc d'être passés du monde aquatique au monde terrestre, c'est-à-dire d'avoir quitté le fluide « eau » pour vivre dans le fluide « air » et donc être soumis à la gravité. Pour mémoire, de très nombreux organismes – les arthropodes, par exemple – ont effectué une telle transition plusieurs millions d'années avant les vertébrés. Au même titre que les végétaux présents, ils constituaient des sources de nourriture multiples et variées, aussi bien à la limite des deux milieux qu'en milieu terrestre. De très nombreuses sources de nourriture potentielles, telles que des proies de tailles et de formes différentes et des végétaux, étaient exploitables par les ancêtres des tétrapodes dans tous les habitats terrestres.

Depuis l'étude des espèces actuelles et fossiles, de leur morphologie à leur génétique en passant par leur écologie et leur éthologie sur une évolution qui se déroule sur plus de 500 millions d'années[10], les chercheurs s'intéressent de longue date à cette transition. Des questions portant sur le pourquoi et le comment les vertébrés « sont sortis de l'eau » constituent une approche trop simpliste qui donne l'impression d'une conquête ou d'une invasion du milieu terrestre. En fait, il n'y a ni conquête ni invasion. Il y a une transition pour certaines lignées entre le milieu aquatique et le milieu terrestre. Expliquer cette transition reste une des discussions majeures qui resurgit de temps à autre. Elle a notamment été discutée sur la base de l'étude des membres et du comportement locomoteur. Plusieurs facteurs ont été suggérés comme ayant joué un rôle essentiel, par exemple un changement climatique ayant entraîné un assèchement et conduit les vertébrés à y répondre.

Les adaptations de certaines lignées ne pourront jamais être connues sauf sur la base d'hypothèses à partir des connaissances des espèces qui, encore présentes de nos jours, peuvent être observées.

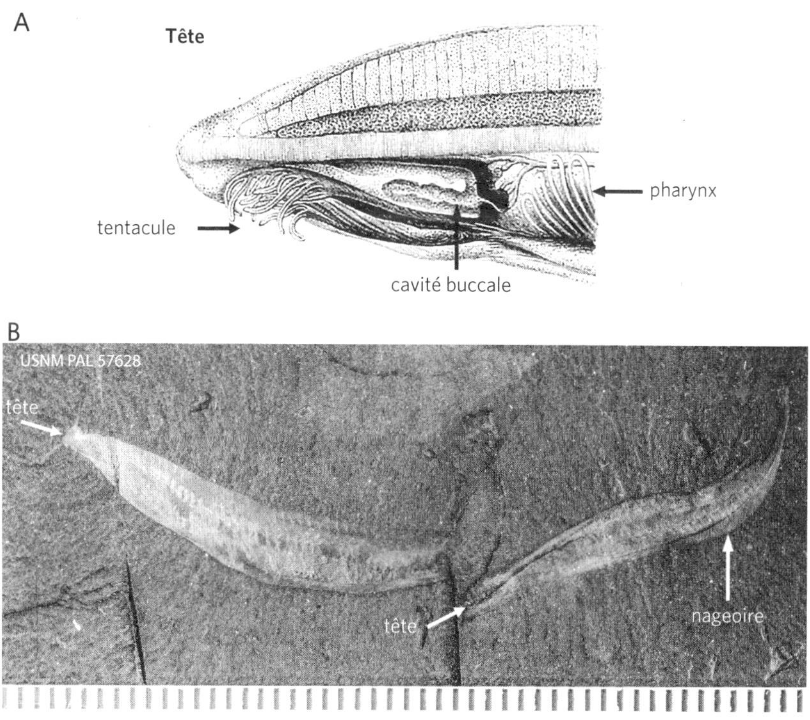

Figure 30. A) Vue latérale de la tête d'amphioxus (*Branchiostoma lanceolatum*) montrant la structure de son système de filtration de la nourriture constitué d'une bouche entourée de cirres et continuée par une cavité buccale qui s'ouvre sur un pharynx percé de 90 fentes permettant la circulation de l'eau. Les particules alimentaires sont ainsi filtrées par le pharynx. B) Traces fossiles de *pikaia*.

Sans nul doute, l'origine des tétrapodes dont nous sommes, primates humains, est aquatique ! Des poissons aux primates, les ancêtres des vertébrés sont vus comme un animal de type céphalocordé[11] marin et filtreur, bilatéral composé d'un corps tubulaire segmenté avec une région antérieure située en avant d'un pharynx garni d'ouverture latérale permettant la circulation de l'eau et donc le piégeage des particules alimentaires, un peu semblable à l'*amphioxus*[12] (figure 30). Le type d'organisation corporelle ou *bauplan* des chordés est sans doute, au même titre que celle des arthropodes et des mollusques, apparu dès le début du Cambrien, il y a plus de 500 millions d'années (figure 36). Les chordés ancestraux pourraient, quant à eux, avoir évolué vers des organismes ressemblant à un animal sans squelette avec une tête sans doute déjà différenciée tel que *pikaia* découvert en 1909 dans des schistes de la région de Burgess en Colombie-Britannique (Canada) par Charles Walcott[13]et décrit par le fameux paléontologue Stephen Jay Gould (1941-2002)[14]. Cependant, l'interprétation de ce type de fossile est encore discutée puisque, par exemple, ce petit organisme de 10 centimètres environ pourrait être spécialisé sans être proche de l'origine des vertébrés.

Se nourrir de manière sporadique sur terre… tout en vivant dans l'eau

Différentes tentatives pour quitter le milieu aquatique et se nourrir en milieu aérien ont été mises en place au cours de l'évolution. Il en va ainsi des poissons-chats comme le silure glane qui peut atteindre 3 mètres et peser 130 kilos. Originaire d'Europe de l'Est, il a envahi les cours d'eau du reste de l'Europe, où il constitue une espèce invasive majeure capable d'attraper des proies terrestres qui vivent à la limite de l'eau, des pigeons par exemple. L'air ne pouvant évidemment servir de véhicule pour aspirer ces pigeons, ce prédateur surgit de l'eau tout comme d'autres poissons dits amphibies pour mordre sa proie ou l'engouffrer dans la cavité buccale. Des calculs semblent démontrer qu'aspirer une proie dans l'air nécessiterait une expansion de la cavité bucco-pharyngienne pour créer la dépression nécessaire à l'aspiration environ 30 fois plus rapide, ce qui est physiologiquement impossible[15]. Il est particulièrement intéressant de noter que capturer une proie en milieu terrestre exige de se surélever sur les nageoires pectorales (figure 31). D'un point de vue évolutif, cela implique qu'une telle action aurait pu être également nécessaire à des ancêtres des tétrapodes, par exemple *Tiktaalik*, *Ichthyostega* ou encore *Acanthostega*, pour capturer leurs proies à la limite entre leur milieu aquatique et le milieu terrestre. Se déplacer n'a donc pas été la seule contrainte qui a sculpté l'architecture des membres antérieurs à la sortie de l'eau des vertébrés. Un cas particulier est celui du périophtalme qui vit dans les mangroves et les estuaires de la région Indopacifique. Il déploie une méthode complètement différente : appuyé sur ses nageoires pectorales, tout en sortant du milieu terrestre, il utilise la petite quantité d'eau conservée dans sa gueule. Poussée vers l'extérieur sur les proies puis rentrée avec ces dernières, cette eau agit comme une véritable langue appelée *langue hydrodynamique*. D'autres actinoptérygiens[16] chassant des proies terrestres ont développé des stratégies comportementales particulières, sans réellement s'appuyer sur le substrat, en utilisant uniquement les mâchoires. C'est le cas des *Anableps*, ces poissons aux yeux coupés horizontalement auxquels on donne souvent le nom de *poissons à quatre yeux*.

Se nourrir de manière permanente dans l'air

Voilà une histoire vraiment extraordinaire dont nous, humains, qui avons évolué au cours de quelques milliers d'années, ne sommes qu'une infime partie !

Cette histoire qui a sans doute débuté il y a quelque 370 millions d'années est loin d'être figée : différents scénarios restent d'actualité. Si elle met en évidence des scénarios évolutifs qui reposent sur le mode de locomotion, elle nécessite également de comprendre où vivaient ces animaux connus seulement à l'état fossile et qui étaient capables de se nourrir dans des milieux si différents. Pourquoi ? Comment ? Cela reste encore très hypothétique. Il ne faut pas non plus négliger que manger sur terre de manière permanente a nécessité de pouvoir y respirer.

Comprendre l'évolution du comportement alimentaire des tétrapodes et expliquer le nôtre en particulier ne peut se faire sans envisager le scénario de leur sortie de l'eau. Le passage à la vie terrestre s'est accompli chez les vertébrés de manière sans doute progressive, mais, sans aucun doute, également de manière non linéaire comme il est souvent imaginé et représenté avec des organismes passés successivement du milieu aquatique au milieu terrestre. Plusieurs espèces capables de vivre à cette interface eau/terre ont sans doute vécu aux mêmes périodes géologiques. Certaines ont complètement disparu. D'autres ont évolué vers des formes de plus en plus terrestres et ne sont connues que sous la forme fossile dont l'interprétation est complexe et ne cesse de fluctuer. Des caractères tels que des canaux latéraux au niveau des os du crâne ou encore la présence de branchies internes protégées par des structures osseuses particulières (même si elles ne laissent pas de trace !) et la forme du palais conduisent à émettre l'hypothèse d'un mode de vie aquatique, unique ou transitoire chez ces espèces ancestrales. Ni la majorité des pièces de

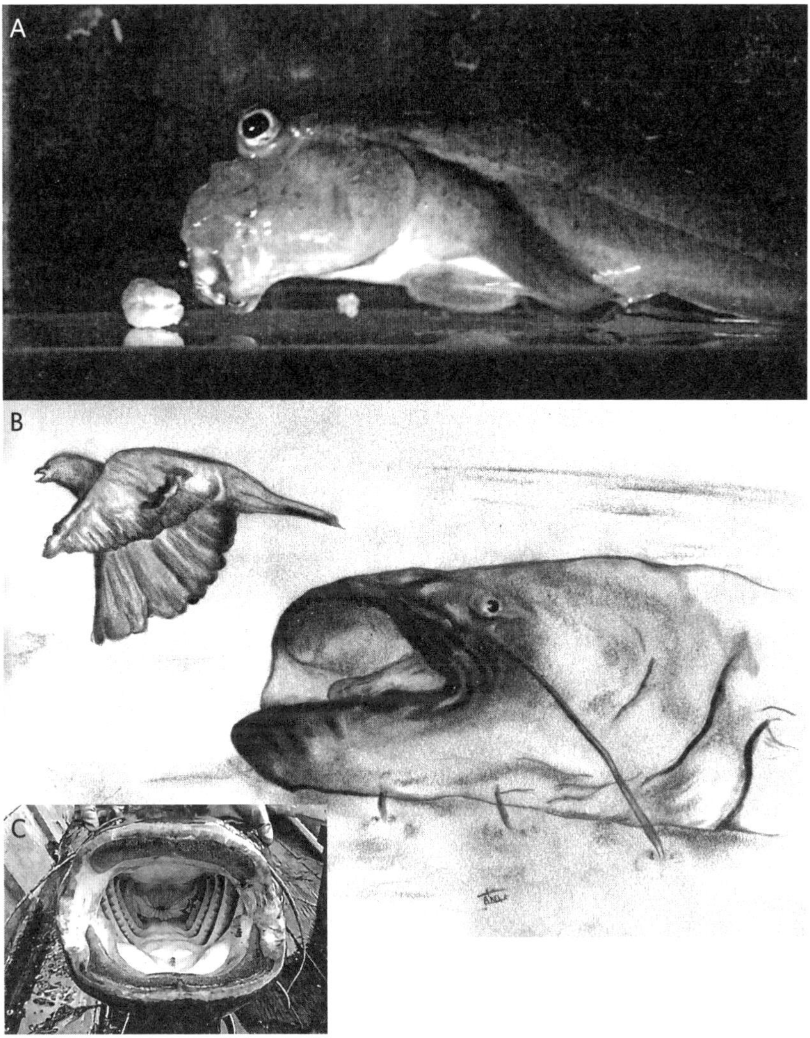

Figure 31. A. Le périophtalme (*Periophthalmus barbarus*) peut capturer et avaler ses proies en milieu terrestre. B) Le silure glane (*Silurus glanis*) est capable d'attraper des pigeons en sautant hors de l'eau. C) Sa cavité bucco-pharyngienne dont les arcs branchiaux sont garnis de branchiospines lui permet d'engloutir des proies énormes.

l'appareil hyoïdien qui sont cartilagineuses ni la langue décrite au chapitre précédent ne se fossilisent. Son évolution hypothétique ne peut donc qu'être reconstruite. Le rôle relatif des mouvements de la tête permettant un transport de type balistique, tel qu'observé chez des crocodiles, des lézards et des oiseaux, et le développement d'une langue capable de transporter la nourriture et d'aider à sa déglutition doivent encore être affinés, même si, au vu de leur morphologie et de la mobilité estimée de leur cou, les ancêtres des tétrapodes avaient sans doute la possibilité de jeter la nourriture dans l'air entre les mâchoires pour la transporter dans le pharynx (base physique du transport balistique). De toute évidence, les modifications de la surface linguale permettant une adhérence efficace, notamment sous la forme de visco-élactivité, et le développement de l'appareil hyolingual ont permis à cette langue de devenir un moyen efficace de capturer non seulement des proies mobiles, mais aussi des plantes, comme c'est le cas chez des reptiles herbivores et chez des mammifères.

Les tétrapodes : de la mer à la terre

C'est au sein de vertébrés appelés tétrapodomorphes vivants au Dévonien il y a 370 millions d'années environ que la lignée des tétrapodes actuels est passée de la vie aquatique à la vie terrestre. Ce passage a modifié leur morphologie, leur physiologie et leurs comportements, notamment la locomotion, la respiration et les modes alimentaires. Le plus souvent, la transformation morphologique des pattes qui est largement impliquée dans l'évolution des tétrapodes est décrite pour expliquer le passage de ces animaux de la vie aquatique à la vie terrestre. Cependant, lors de ce passage à la vie terrestre qui s'étale sur plusieurs millions d'années, des innovations clefs ont joué un rôle majeur dans le succès de ce passage telles que la mobilité du cou et le développement de la musculature de la langue assurant une mobilité importante[17]. En association avec ces transformations morphologiques, les ancêtres des vertébrés terrestres ont donc d'abord utilisé l'aspiration de la nourriture avec l'eau comme véhicule, tout en assurant son évacuation de la bouche à un moment donné, en l'associant ou non à une morsure. Ils ont ensuite utilisé la morsure seule suivie de l'emploi potentiel de la langue et d'autres mécanismes pour transporter et avaler leur nourriture : par exemple, le transport balistique, l'utilisation de la tension superficielle et la filtration chez les oiseaux. Au cours de cette évolution, les mâchoires ont dû être utilisées pour tuer et/ou mastiquer d'une manière ou d'une autre les proies capturées. Même en intégrant des approches morphologique, biomécanique et fonctionnelle, y compris la modélisation physique, ce passage reste hypothétique. La morphologie du cou et son rôle biologique, à partir de l'analyse de ses mouvements au cours de ce passage, peuvent déjà être illustrés par la découverte de restes fossiles de différents spécimens qui peuvent être alors insérés dans des reconstructions des paysages et des communautés d'organismes qui y vivaient[18]. En revanche, reconstruire l'évolution de la langue reste hypothétique, la seule trace fossile pouvant y aider reste potentiellement celle de l'appareil hyoïdien qui soutient la langue et la gorge comme décrit ci-dessus.

C'est au sein de ces tétrapodomorphes que les paléontologues ont découvert des organismes comme *Eusthenopteron* qui possédait encore un crâne large et cinétique avec des sutures marquées permettant le mouvement relatif des os au même titre que les poissons actuels, des branchies recouvertes par des os robustes pour les protéger et un os hyomandibulaire élargi. Toutes ces caractéristiques ont été associées à une prise de nourriture par aspiration utilisant l'eau comme véhicule majeur pour capturer les proies. En revanche, d'autres de ces tétrapodomorphes connus à l'état fossile – *Acanthostega* par exemple – possédaient un crâne plat et peu ou prou cinétique, un os hyomandibulaire réduit et une absence d'os couvrant des branchies qui ne sont évidemment pas conservées lors de la fossilisation. Ces caractéristiques suggèrent que cet animal approchait ses proies et les mordait pour les saisir, qu'elles soient aquatiques ou terrestres, comme le suggèrent la forme de sa mâchoire et sa force de morsure[19].

Les innovations structurales au niveau des membres et des pattes telles que des doigts ont joué un rôle majeur dans la possibilité de se déplacer et d'exploiter toutes les ressources alimentaires, en particulier celles du milieu terrestre. Il est admis actuellement que l'interaction entre le substrat et les appendices locomoteurs aurait joué un rôle sur le passage de la forme d'une nageoire préalable à un membre capable de supporter un animal et de lui permettre de se mouvoir. Ces vertébrés vivaient dans des zones benthiques[20] couvertes de sédiments ayant des structures et des résistances très différentes qui allaient du sable de diverses origines (coquilles d'unicellulaires et d'invertébrés ou origine minérale telles des cendres volcaniques) à un sol constitué de roches de tailles différentes, en passant par des cailloux mobiles les uns par rapport aux autres. Se nourrir dans de tels habitats qui montrent une résistance différente nécessitait de se déplacer pour l'approcher, de se surélever pour attraper sa nourriture, voire pour la poursuivre sur des distances plus ou moins courtes.

Comment les tétrapodes ont-ils pu se nourrir en milieu terrestre ?

Une colonne vertébrale renforcée, la présence d'un sacrum et d'une épaule assez flexible assurant la mobilité de la tête capable de s'élever et de s'orienter vers les proies sont autant de caractéristiques qui permettent de se déplacer sur terre, sans doute à des vitesses limitées, et de les capturer. Dans une telle évolution complexe, chaque découverte de fossiles et leur étude au travers des nouvelles techniques de l'imagerie comme la tomodensitométrie apportent leur lot de nouveautés.

Régulièrement sont découverts des organismes essentiellement aquatiques qui vivent à l'interface eau/air, tout en ayant toujours besoin d'eau pour survivre et se reproduire. Viennent ensuite des vertébrés vivant essentiellement sur terre mais qui doivent retourner en milieu aquatique pour se reproduire. Viennent enfin ceux qui ne sont plus inféodés au milieu aquatique qu'ils utilisent uniquement pour boire. *A contrario*, certains tétrapodes retournés secondairement au milieu aquatique y vivent partiellement, notamment pour y trouver leur nourriture ou uniquement pour s'y reproduire, comme c'est le cas des cétacés. Les paléontologues considèrent que les premiers tétrapodes tels qu'*Ichthyostega* et *Acanthostega* découverts au Groenland ou encore *Tulerpeton* découvert en Russie déambulaient sur terre, il y a environ 370 millions d'années. Ces sortes de grosses salamandres avaient des « mains » composées d'un nombre variable de doigts, parfois jusqu'à huit, qui, au cours de l'évolution, s'est fixé à cinq. D'autres espèces nommées *Elpistostege*, *Panderichthys* ou, encore, *Tiktaalik*, étant donné les caractéristiques de leurs nageoires munies de rayons comme les téléostéens modernes, ont sans doute vécu dans des eaux peu profondes il y a environ 375-380 millions d'années. Toutefois, l'étude récente d'*Elpistostege* semble mettre en évidence à l'extrémité de la nageoire une sorte de « main » en devenir puisque deux des os des nageoires sont prolongés par de petits os ressemblant à des phalanges mis en parallèle avec la patte de *Tulerpeton*[21]. L'évolution des connaissances, notamment sur la base du développement de l'imagerie médicale appliquée à la recherche en paléontologie, n'a pas encore permis de construire un scénario intégrant tous les traits d'histoire de vie de ces vertébrés pour comprendre le passage à la vie terrestre. Il semble raisonnable de penser que ces vertébrés, mesurant au moins 50 centimètres de long, étaient des prédateurs de proies aquatiques et terrestres, et, sans doute, *in fine* essentiellement ou uniquement terrestres. Un tel comportement ne peut se faire sans modifications du système trophique en association avec celles du système locomoteur et du cou. Une des nombreuses hypothèses admises considère que cette transition d'un mode de nourriture aquatique à un mode terrestre serait un exemple de ce qui est appelé une exaptation (encadré 6).

Encadré 6. Exaptation

Pour mémoire, l'évolution peut être vue comme le résultat d'un bricolage qui reste encore difficile à comprendre[22]. Plusieurs mécanismes interviennent dans la mise en place de ce bricolage : adaptation et exaptation notamment. En résumé, l'adaptation est vue comme un trait ou un système biologique sculpté au fil du temps par la sélection naturelle pour répondre à des facteurs de l'environnement. Une adaptation procure donc à l'organisme une valeur sélective. Une exaptation est le développement d'un trait lié à une fonction qui évolue vers une nouvelle fonction, sans conduire à un changement phénotypique. L'exaptation serait un mécanisme de l'évolution qui adopte un trait biologique pour le faire dévier vers une nouvelle fonction. Ce terme a été inventé par Stephen Jay Gould et Elisabeth Vrba en 1982[23]. Il ne faut donc pas confondre adaptation et exaptation, bien qu'un trait issu d'une exaptation puisse lui-même s'adapter.

Cette notion était déjà connue de Charles Darwin (1859), qui suggérait que la vessie natatoire des poissons à l'origine impliquée dans la flottaison avait été cooptée vers une nouvelle fonction, à savoir la respiration. Il semble admis que les processus adaptatifs et « exaptatifs », répandus des molécules aux organismes en passant par leurs structures, agissent en synergie[24].

Un des exemples classiques d'exaptation est celui des plumes d'oiseaux. Initialement adaptées pour assurer la thermorégulation, elles auraient été soumises au processus d'exaptation pour assurer le vol, peut-être attraper des proies et, plus certainement, parader. Certains traits « exaptés » et leur état ancestral peuvent évoluer en parallèle.

L'exaptation s'oppose évidemment à la pensée aristotélicienne qui voudrait que la fonction crée l'organe, pensée qui malheureusement persiste encore de nos jours bien qu'elle ait été réfutée de manière certaine de longue date.

Pour se nourrir, il faut capturer sa nourriture. Deux solutions ont été mises en place au cours de l'évolution : prendre avec les mâchoires dentées ou non, recouvertes alors d'une rhamphothèque présente chez les oiseaux et les tortues, et/ou capturer avec la langue qui peut être projetée à des degrés extrêmement variables vers la nourriture. En outre, chez les mammifères, les lèvres, qui peuvent montrer différents développements bien connus, des rhinocéros aux éléphants en passant par les tapirs, constituent un troisième moyen de prendre la nourriture.

Selon les données actuellement disponibles, résumer l'histoire de la morphologie de la tête permet de comprendre comment être capable de manger dans l'air lors du passage à la vie terrestre. Cette aptitude nécessite en effet l'absence de pivotement latéral de la tête pour que la bouche puisse pointer vers la nourriture. Cette orientation est particulièrement importante pour de nombreux prédateurs. Un cou mobile et allongé peut en outre permettre d'exploiter certains aliments comme c'est le cas chez de très nombreux oiseaux. Chez les primates et les humains, la tête et donc la bouche restent, le plus souvent, en place, et, comme nous le verrons dans le chapitre suivant, les aliments y sont amenés par les mains. Cependant, manger en milieu terrestre ne peut se faire que si la mâchoire inférieure et le plancher buccal peuvent s'abaisser sans rencontrer d'obstacle. Les premiers vertébrés terrestres devaient donc être surélevés par rapport au substrat, notamment en prenant appui sur leurs membres antérieurs. En arrière, la tête doit être complètement fermée par la fusion d'os mobiles pour éviter la création de forces qui pourraient impacter la stabilité de l'animal lors de la capture qui est un mouvement nécessairement rapide, surtout lorsque le prédateur attrape des proies mobiles. Toutes ces contraintes doivent également être résolues par les « poissons » qui sortent de l'eau pour se nourrir et qui adoptent des postures adéquates pour engloutir leur proie.

Mettre en place un système permettant de capturer sa nourriture à distance, la transporter, la mastiquer et encore l'avaler implique que la langue a sans doute été une solution évolutive des plus efficaces lors de la transition du milieu aquatique vers le milieu terrestre. En effet, si le prédateur s'approche de la proie, cette dernière pourra facilement lui échapper grâce à l'ensemble des informations sensorielles reçues pour donner suite aux modifications de son environnement proche. La langue, cet organe si particulier, peut dès lors devenir un outil de préhension efficace pour optimiser son comportement alimentaire. L'histoire de son développement au cours de l'évolution reste encore mal comprise. Remarquons qu'une langue est présente de manière parfois très différente chez de nombreux téléostéens tels que la carpe ou le loup de mer. Elle y joue un rôle important dans le transport intrabuccal et la déglutition de la nourriture, et ce, de manière très marquée. Chez ces dernières espèces, la langue est couverte de structures de type papillaire qui comportent des bourgeons gustatifs au même titre que la langue des tétrapodes. Elles portent également des structures en forme de dents, à différents modes d'éruption, essentiellement orientées vers l'œsophage[25]. Évidemment, cet organe ne se fossilise pas. Pour rappel, la seule trace de l'appareil hyolingual qui reste est une de ses pièces : celle qui est ossifiée. Il reste donc très hypothétique d'imaginer la forme et les capacités de la langue et du squelette qui tapisse la gorge et soutient la langue à partir d'une information assez partielle. Toutefois, son développement, en particulier lors de la métamorphose des amphibiens, peut aider à comprendre l'origine et la mise en place de la langue chez les tétrapodes lors du passage à la vie terrestre.

CHAPITRE 20

Les cétacés : des adaptations remarquables

De la terre ferme à l'eau

Que d'histoire de baleines… Certaines avaleraient des êtres humains entiers. C'est le cas de Jonas que l'on retrouve dans tant d'histoires liées aux religions, du judaïsme à l'islam. D'autres se contenteraient d'avaler une partie de l'anatomie humaine, comme la baleine Moby Dick qui engloutit la jambe du capitaine Achab.

Qu'en est-il réellement ?

La diversité des modes d'alimentation des cétacés peut s'observer sous trois formes : aspirer, mordre et filtrer (figure 32). Finalement, ce sont des modes déjà présents chez d'autres vertébrés aquatiques, des poissons à tous les tétrapodes qui chassent dans l'eau. Les spécialisations du système d'alimentation de ces mammifères, du crâne à la dentition, sont parmi les plus remarquables chez les mammifères retournés non seulement se nourrir, mais aussi vivre en milieu aquatique. Malheureusement, toutes les espèces de cétacés sont soumises à la pression humaine depuis des siècles, et plusieurs espèces ont été exterminées ou sont au bord de l'extinction. Il suffit de consulter les archives de la pêche à la baleine ou les documents réguliers produits par le WWF pour se rendre compte que ces animaux fabuleux pourraient à terme disparaître à cause des multiples activités humaines, de la chasse pratiquée dès l'Antiquité et encore exercée de nos jours au changement climatique ou encore aux sons artificiels produits par tous les véhicules marins, du cargo au sous-marin.

L'évolution des stratégies alimentaires ne peut se comprendre sans établir les liens phylogénétiques de ces mammifères. Leurs ancêtres terrestres possédaient des membres avec des caractéristiques semblables à celles des artiodactyles ou ongulés digitigrades, c'est-à-dire prenant appui sur deux doigts pour se déplacer sur la terre ferme. Parmi ces derniers, les cétacés seraient les plus proches des hippopotames. Leur histoire qui s'étale sur une période courte, environ 50 millions d'années, est très brièvement abordée ici pour décrire les quelques grandes lignes de cette évolution, car elle illustre de manière notoire la transition du milieu terrestre au milieu aquatique. Lors de leur retour à la vie aquatique, se nourrir a joué un rôle déterminant dans la diversité morphologique et écologique de ces mammifères. La spécialisation en mode d'alimentation par filtration a également conduit à la nette séparation des fonctions de respiration et de nutrition. Une telle séparation est indispensable pour éviter le colmatage des voies aériennes puisque tous les cétacés ne respirent pas dans l'eau. En outre, la langue de ces animaux est sans aucun doute le plus gros organe musculaire de tous les organismes vivant et ayant vécu sur notre planète[1].

Les cétacés sont d'abord passés de formes purement terrestres qui chassaient sans doute au bord de l'eau à des formes aquatiques. Ces premiers cétacés sont groupés en cinq familles au sein des *Archaeoceti*. Ce passage de la vie terrestre à la vie aquatique chez ces animaux est probablement associé à une diversification des niches alimentaires. Ces *Archaeoceti* disparus – ils ont vécu il y a 53 à 34 millions d'années – possèdent tous des dents. Parmi ceux-ci, *Indohyus*, petit animal terrestre semblable à un chevrotain, est vu comme une sorte de « chaînon manquant » entre les cétacés aquatiques et leurs ancêtres terrestres. Carnivore, il devait pourchasser des proies sur terre et dans l'eau, tout en étant capable de se déplacer en pagayant avec ses quatre membres ou en nageant. Le passage de ces artiodactyles terrestres aux cétacés aquatiques s'est déroulé au cours de l'Éocène

Figure 32. Diversité des cétacés, les géants des mers. Vue de cétacés présentés dans la Galerie d'Anatomie comparée du Muséum national d'histoire naturelle de Paris, montrant la diversité des formes des structures trophiques des cétacés associées à leur comportement alimentaire. En haut, à gauche, tête d'un mysticète montrant l'organisation des fanons permettant de filtrer. Au centre, tête d'un autre mysticète (rorqual) ayant perdu ses fanons.

sur une période géologique relativement courte d'environ 15 millions d'années, voire, pour certains auteurs, de 8 millions d'années. Il se traduit par la transformation de la morphologie du corps, l'axe vertébral par exemple, des membres et du crâne, en lien avec différentes adaptations paléoécologiques qui en ont résulté.

Durant ces quelques millions d'années sont apparues des formes de cétacés purement aquatiques de tailles différentes capables de chasser principalement, voire uniquement en milieu aquatique (figure 33). Ainsi, *Ambulocetus*, dont le poids estimé pouvait atteindre 200 kilos, et la taille, 16 mètres, à la suite de l'adjonction de vertèbres, est un exemple évident de transition définitive d'un mode de vie amphibie semblable à celui des loutres d'aujourd'hui à un mode de vie aquatique probablement unique. La transition définitive vers un mode de vie aquatique s'est sans doute déroulée chez ces cétacés qui, finalement, ont développé par convergence des formes semblables aux crocodiles et même aux mosasaures, ces lézards géants aquatiques disparus qui pouvaient atteindre plus de 15 mètres de long et vivaient au Crétacé. Cependant, les cétacés ont modifié leur mode de locomotion en se déplaçant par oscillation verticale du corps, au contraire, par exemple, des crocodiles qui nagent par oscillations latérales de la queue. Toutefois, la rapidité de ce passage chez les cétacés s'est accompagnée de la conservation de certains caractères morphologiques dits plésiomorphes comme la dentition de type hétérodonte.

Ensuite, les néocètes sont apparus il y a environ 40 millions d'années en démontrant des taux d'évolution très rapides. La séparation des odontocètes ou baleines à dents et des mysticètes ou baleines à fanons s'est réalisée au cours d'une période allant du milieu à la fin de l'Oligocène il y a 40 à 30 millions d'années. Les odontocètes ont développé des changements très importants de leur crâne, en particulier les régions nasale et faciale, en lien avec l'écholocation pour laquelle ils deviennent de plus en plus spécialisés[2]. Tous les cétacés actuels seraient issus d'ancêtres communs proches des *Durodons* et des *Basilosaurus* qui possèdent tous des dents. Les premiers mysticètes seraient apparus il y a seulement 36 millions d'années (Éocène tardif).

Enfin, il y a environ 18 millions d'années au cours du Miocène, la diversité du système crânial des odontocètes, notamment celui des dauphins, a réellement explosé en lien étroit avec leur stratégie alimentaire qui implique, à des degrés divers, morsure et aspiration[3]. Chez ces animaux, la région faciale du crâne est concave et asymétrique, la distorsion du côté gauche étant plus marquée. Si ces changements de la forme de la tête sont liés à leur comportement alimentaire, ils sont également dus au développement de l'écholocation avec la mise en place des structures permettant la production et la réception des infrasons. Ainsi, le melon, la musculature faciale et des sacs nasaux assurent la production d'un son directionnel alors que la mandibule, qui se creuse du côté interne d'une cavité, ou *foramen*, loge le bulbe auditif directement connecté au crâne pour récupérer ce son. Chez ces cétacés, la forme du crâne est très variable d'une espèce à l'autre, en particulier sa région antérieure ou rostre, qui va de la brachycéphalie (crâne court du cachalot nain) à la dolichocéphalie (crâne allongé des dauphins d'eau douce). Au contraire, la morphologie des mysticètes s'est transformée sous l'effet principal sinon unique du régime alimentaire qui a entraîné la perte des dents, ou édentulisme, et le développement des fanons de kératine comme système de filtration, avec toutefois des taux d'évolution ou de changement très variables.

Aspirer et/ou mordre : une question de survie ?

Combinés ou non, aspirer et mordre sont associés à des degrés différents chez les baleines à dents, les odontocètes, en lien avec la forme du crâne, les caractéristiques de leur dentition et, probablement, celles de leur langue. En outre, ces comportements de capture sont, le plus souvent, caractérisés par une capture de type « bélier » (*ram* en anglais) liée au déplacement du prédateur vers sa proie. Ces cétacés montrent une très grande diversité de leur dentition, marquée par la perte des « dents de lait », d'où leur qualification de monophyodontes.

En résumé, les espèces qui attrapent leurs proies en les mordant possèdent des mâchoires allongées garnies d'un grand nombre de dents. C'est le cas des cétacés piscivores comme les dauphins d'eau douce qui ont probablement évolué de manière convergente au sein de différentes familles et non à partir d'un ancêtre commun. Toutes ces espèces possèdent en effet un très grand nombre de dents (plus de 300) coniques étroites et pointues. Elles leur permettent d'attraper et de maintenir fermement leur proie avant de les avaler. À l'opposé, les espèces qui utilisent préférentiellement l'aspiration, par exemple le béluga ou le cachalot pygmée, possèdent un rostre moins allongé avec des mâchoires courtes facilitant l'aspiration de l'eau de leur nourriture – notamment

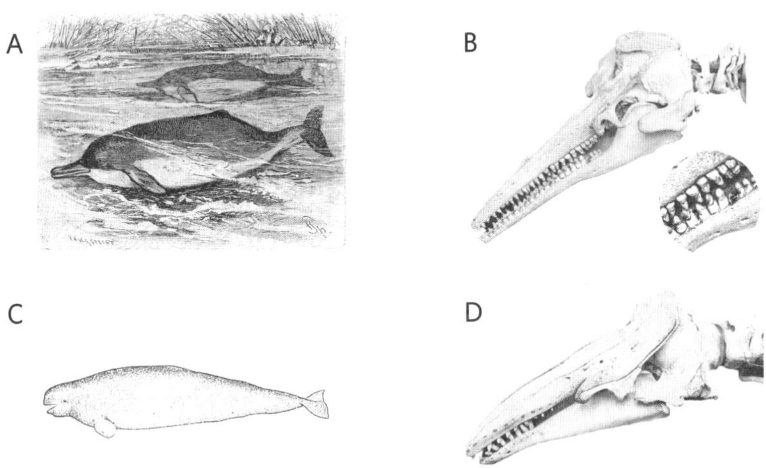

Figure 33. Crâne d'odontocètes. A-B) Crâne de dauphin de l'Amazone montrant le grand nombre de dents qui ornent les deux mâchoires. La forme des dents est agrandie dans le cercle. C-D) Crâne de béluga montrant un nombre de dents plus réduit.

des calmars. Quand leurs dents n'ont pas complètement disparu, leur nombre et leur taille sont réduits. L'aspiration se fait par l'expansion des cavités orales et pharyngiennes provoquée par leur langue et le déplacement de leur appareil hyoïdien. Grâce à sa musculature bien développée et insérée sur les os de cet hyoïde, la langue joue le rôle d'un piston. Ce mode d'ingestion aurait explosé chez différentes familles au cours de l'Éocène, annonçant déjà celui qui est visible chez les odontocètes actuels[4]. L'ouverture de la bouche arrondie et limitée latéralement par les lèvres charnues rendrait l'aspiration des proies d'autant plus efficace. En effet, le flux d'eau qui amène la proie serait dirigé vers la bouche sans entrées latérales d'eau. Ainsi, la proie est mieux ciblée, et la quantité d'eau qui entre dans la gueule – et doit donc être éliminée – est beaucoup plus faible.

Moby Dick mordait-il ?

En 1851, dans son roman, Melville décrit comment Moby Dick, un cachalot blanc à la mâchoire impressionnante, considéré comme particulièrement féroce, est capable de se battre contre le capitaine Achab, patron du baleinier *Pequod*, et de lui arracher une jambe lors d'un combat allégorique qui symbolise la lutte entre le bien et le mal. Guidé par le besoin de se venger, le capitaine se lance dans une poursuite qui l'emmène sur tous les océans du globe et dans laquelle il finira par perdre la vie. Considérée comme un chef-d'œuvre de la littérature américaine, cette histoire repose sur des observations relativement tronquées du comportement des cachalots et illustrées souvent dans l'imagerie populaire qui décrit la chasse à la baleine. L'intensification de cette chasse au XIXe siècle a d'ailleurs failli conduire à l'extinction de la plupart des grandes espèces de cétacés dont le cachalot. Au risque de contredire cette imagerie populaire, le cachalot ne mord pas : il aspire ses proies[5]. Ses très longues mâchoires sont sans doute utilisées dans les combats entre les mâles ou pour se défendre, ou encore pour extraire des proies benthiques ou démersales et les avaler par aspiration (figure 34). En effet, cet odontocète avec une mâchoire si particulière aspire ses proies ! Comment aspirer avec un espace buccal allongé garni de dents et complètement ouvert dans l'eau ? Comment aspirer avec l'absence de lèvres qui modulent la forme de la bouche et une langue proportionnellement très courte par rapport à la longueur des mâchoires ? Lorsqu'elles sont adductées, les mandibules s'insèrent dans une petite dépression du plancher du crâne qui couvre alors latéralement une partie de la dentition. Les larges bords du palais viennent fermer cette cavité dont l'expansion est assurée par l'abaissement de la langue et du plancher buccal. Les proies peuvent alors être aspirées.

Les mysticètes sont les plus gros animaux ayant existé sur notre planète (figure 34). Parmi eux, le rorqual bleu (ou baleine bleue) peut atteindre 25 à 27 mètres, voire 30 mètres de long avec une masse de 150 à 170 tonnes pouvant même avoisiner les 180 tonnes. Sans doute quasiment aussi volumineux que des espèces actuelles, tout en n'ayant pas les fanons développés, d'autres mysticètes fossiles montrent chez ces cétacés une diversité de forme de leur tête garnie de fanons de tailles très diverses (figure 35). Des études paléontologiques suggèrent que le gigantisme a existé chez ces mysticètes avant l'évolution de la capture par filtration.

Figure 34. A) Le cachalot est souvent représenté comme un monstre féroce qui écrase ses ennemis (barque de chasse). B) Vue de la mandibule du cachalot. C) Hypothèse sur le comportement alimentaire essentiellement basé sur l'aspiration créée par la dépression linguale. ►

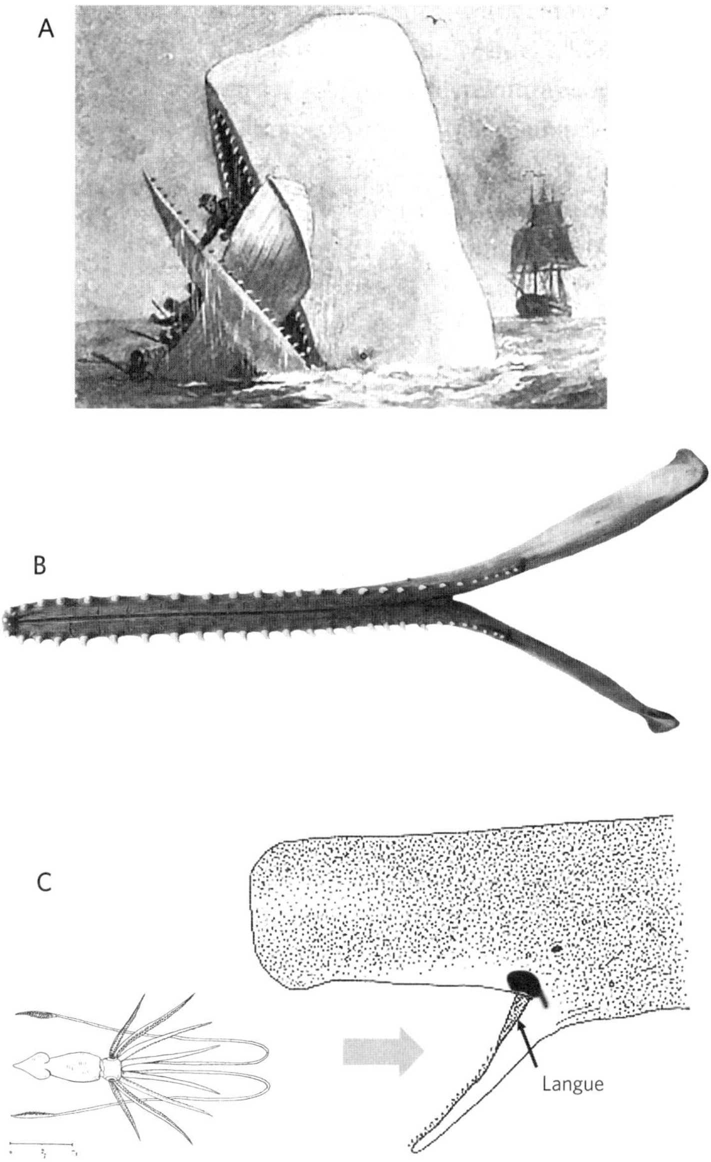
A
B
C
Langue

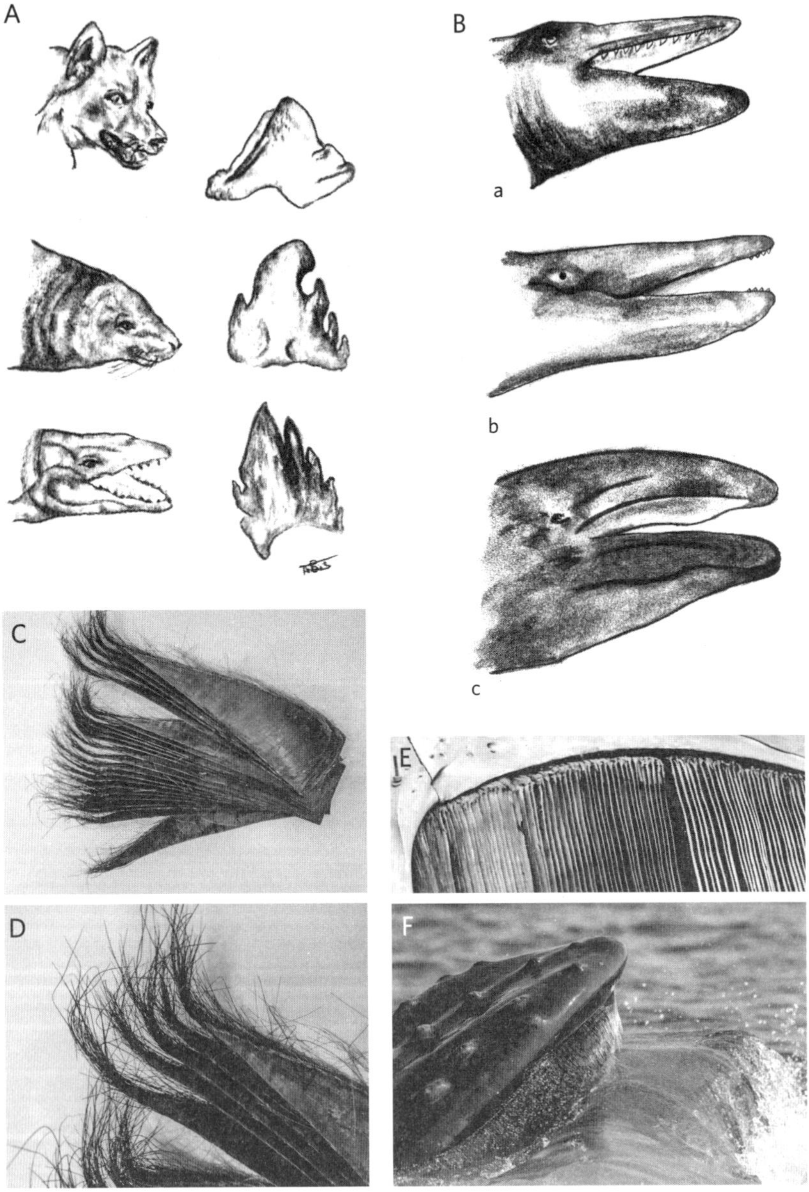
A
B
a
b
c
C
D
E
F

Les crânes des mysticètes primitifs possédaient un système de filtration basé sur leur dentition et des fanons dont la forme et la longueur restent inconnues, et qui auraient été situés entre les dents de la mâchoire supérieure. Les formes plus récentes de ces cétacés ont complètement perdu leur dentition au profit d'un système de filtration unique semblable à celui des espèces actuelles. Développer un appareil de filtration efficace s'accompagne d'une augmentation de la taille de la tête en étroite association avec un changement de taille et de forme des mâchoires supérieures qui deviennent arquées pour optimiser l'organisation spatiale des fanons autour de la cavité buccale. La masse du crâne et des énormes mâchoires inférieures représente jusqu'à 25 % de la masse corporelle de ces animaux. Ces mammifères marins ont en effet la plus grande tête de tout le monde animal : elle représente presque un tiers de la longueur du corps qui peut atteindre 18 mètres pour les femelles et 16 mètres pour les mâles. À noter que ces animaux pourraient vivre jusqu'à 200 ans en se nourrissant de petites proies engouffrées par millions à chaque bouchée.

Même s'il semble s'être trompé sur la base des connaissances de son époque, l'origine des fanons, de leur évolution et de leur rôle fascinait déjà Darwin dans son fameux ouvrage *De l'origine des espèces*. Aujourd'hui, ces points restent encore l'objet de débats. Composés de kératine, une protéine rigide et fibreuse produite par

◀ **Figure 35.** A) Comparaison de la forme des dents postcanines, en particulier leur échancrure, chez un *Canidae*, le dingo (actuelle échancrure très faible), *Canis lupus*, avec celles d'un phoque crabier, *Lobodon carcinophaga*, qui aspire sa nourriture et la filtre et d'un mysticète disparu du genre *Janjucetus* qui montre les structures dentaires caractérisées par des échancrures permettant la filtration chez le phoque et les mysticètes ancestraux. B) Évolution possible de l'édentulisme et développement des fanons au cours de celle des mysticètes (a : morsure et tamisage chez un représentant des *Aetiocetidae* [mysticètes porteurs de dents] ; b : filtration chez un représentant des *Eomysticidae* porteur de fanons) ; c : représentant de ce qui est nommé *crown mysticète*, c'est-à-dire le groupe des mysticètes comportant les espèces actuelles et les espèces fossiles). C) Vue rapprochée de l'attache des fanons sur la mâchoire supérieure chez la baleine boréale (*Balaena mysticetus*). D-E) Fanons du petit rorqual ou baleine de Minke (*Balaenoptera acutorostrata*) montrant la disposition des filaments de kératine qui les constituent. F) Gueule ouverte montrant les fanons.

l'épithélium qui couvre les mâchoires, ces fanons peuvent atteindre plus de 4 mètres de long, notamment chez la baleine boréale de plus de 18 mètres. Elle représente la seule espèce de cétacé à fanons endémique vivant à proximité de la banquise dans les eaux froides arctiques et subarctiques. La perte des dents et la mise en place des fanons au cours de l'évolution seraient découplées. Par conséquent, l'édentulisme serait indépendant de la présence de fanons. Ces deux transformations évolutives sont séparées sur les plans morphologique et génétique[6].

Plusieurs hypothèses ont été proposées pour expliquer le passage d'un mode de type morsure et/ou aspiration vers ce mode unique de type filtration chez les baleines à fanons[7]. Ce passage a pu se faire chez différentes formes ayant déployé des modalités d'aspiration et des techniques de chasse variées. Les dents ont pu être utilisées comme un simple filtre permettant de retenir la nourriture dans la gueule où cette filtration a pu se faire en l'absence de fanons sur les mâchoires (figure 35). Les fanons sont apparus ensuite indépendamment de ces dents…

Rappelons que l'aspiration se fait grâce à la dépression créée dans la cavité buccale par l'expansion du plancher buccal due aux mouvements de la langue et de l'hyoïde qui, chez ces mammifères, est développé. D'autres particularités du crâne, notamment un crâne très cinétique avec des articulations spécialisées, favorisent l'immense ouverture de la gueule et l'aspiration des proies et de l'eau. Par exemple, la symphyse mandibulaire qui est souvent figée – comme chez l'homme – est constituée de tissus cartilagineux fibreux qui assurent une grande flexibilité de rotation des mandibules. Unique par ses propriétés tissulaires comprenant des fibres et du cartilage dans une sorte d'huile, l'articulation entre la mandibule et le neurocrâne permet à ces cétacés de l'abaisser jusqu'à 90 degrés. La cavité buccale peut ainsi s'agrandir de plus de 30 %. À titre de comparaison, chez l'homme, l'abaissement de la mâchoire ne dépasse pas 30 degrés.

Une action biomécanique hors norme

Toutes les espèces de baleines à fanons ont développé des stratégies de capture qui impliquent une accélération du corps (*lunge* en anglais) associée à une ouverture maximale de la gueule qui semble varier selon les possibilités de déformation de la langue qui restent encore à évaluer de manière précise. Cela conduit à produire « la plus grande action biomécanique du royaume animal ». De nombreuses espèces comme la baleine à bosse utilisent différentes stratégies pour capturer des masses de proies dans l'eau ou à sa surface. Ce cétacé est capable d'engouffrer et de filtrer jusqu'à 160 fois sa propre masse corporelle en fonçant sur des bancs de poissons à 2,2 mètres par seconde. À titre de comparaison, la vitesse du rorqual bleu, ce géant de plus de 30 mètres, peut atteindre 3,9 mètres par seconde. Il s'écoule à peine 5 secondes entre le moment où ces animaux ouvrent la gueule et celui où ils la referment sur les bancs de proies. Cette ouverture est due à l'élévation du crâne, tandis que l'expansion de la gorge est liée à un mouvement extraordinaire de déformation de la langue.

La taille et la forme des nageoires expliquent les différences de stratégies de chasse selon les proies qui ont elles-mêmes des stratégies de fuite spécifiques pour éviter d'être englouties. Ainsi, le rorqual bleu gère sa trajectoire par rapport à celle des milliers de crustacés groupés qui forment la masse du krill. Grâce à ses longs membres antérieurs, il est capable de manœuvrer pour suivre les bancs de krills. En revanche, la baleine à bosse qui se nourrit principalement de poissons fonce moins rapidement sur ses proies selon des angles d'attaque variés. En outre, même si ces deux espèces attaquent individuellement leurs proies, la baleine à bosse chasse en groupe en coordonnant l'action de 2 jusqu'à 15 individus capables de produire des pièges constitués de bulles.

Le déplacement de l'animal et l'ouverture de sa gueule sont coordonnés afin d'optimiser la prise alimentaire comme l'ont montré de très nombreuses études (figure 36). Coordonné au déplacement de la langue, ce mouvement varie d'une espèce à l'autre.

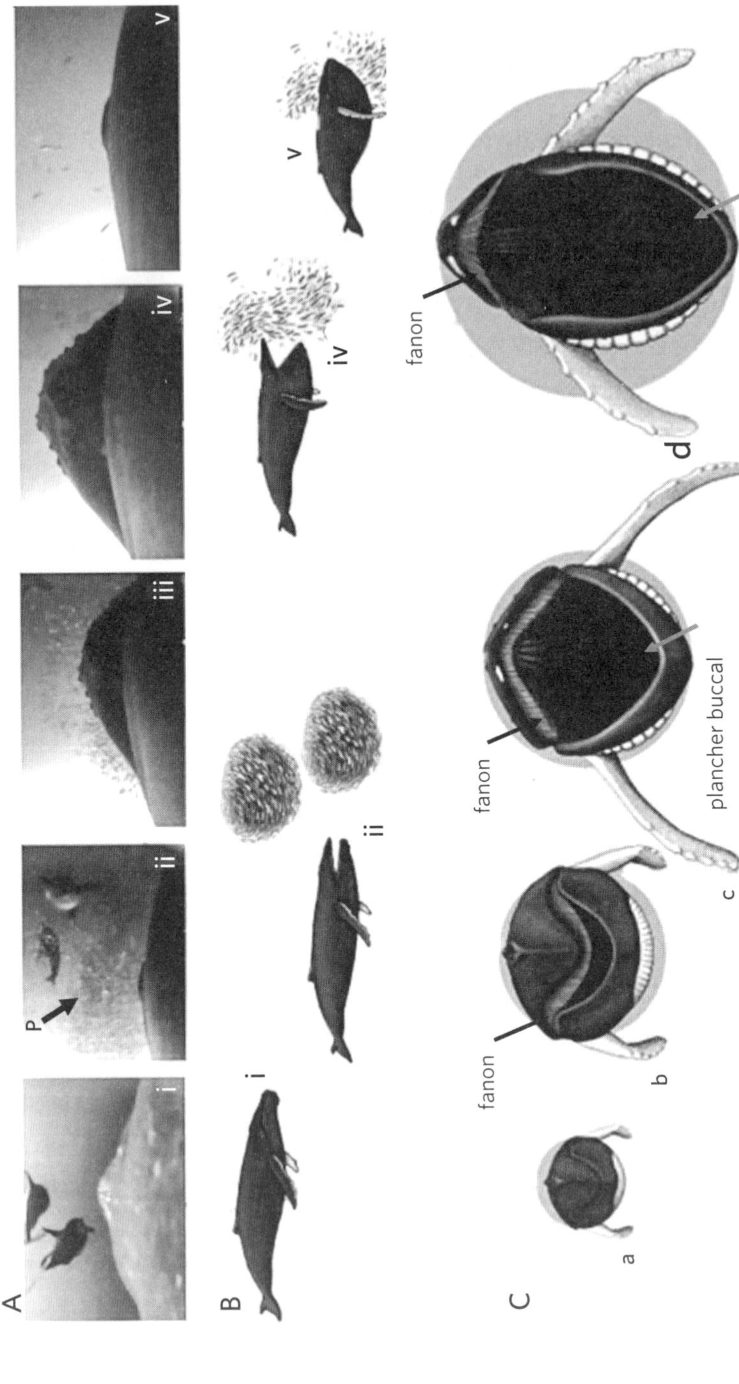
A
i
ii
iii
iv
v
P
B
i
ii
iv
v
C
a
b
c
d
fanon
fanon
fanon
plancher buccal
plancher buccal

Une langue au rôle atypique

La langue des cétacés est très atypique par rapport à celle des autres mammifères : cet organe possède en effet des fonctions très particulières telles que l'expulsion de l'eau chargée de proies engouffrées pour se nourrir ou encore le nettoyage des fanons. Elle ne joue aucun rôle de mastication, et son rôle dans l'allaitement semble considérablement réduit. Cependant, elle joue un rôle clef dans l'ingestion, le transport, la sécurisation/positionnement et la déglutition de la nourriture. C'est chez les cétacés qu'a été identifié le plus gros organe musculaire de tout animal fossile ou vivant, à savoir la langue. Chez une baleine d'environ 50 tonnes, elle pèse de 2 000 à 3 000 kilos, pour une longueur d'environ 5 mètres et une largeur et une hauteur de 1 mètre. Chez les baleines boréales et franches, elle représente 4 à 6 % de la masse corporelle totale. Chez les grands rorquals, y compris les rorquals bleus et communs, elle est de taille et de masse similaires, mais avec des propriétés différentes.

Fermement ancrée au plancher buccal par rapport aux mammifères « typiques » et moins mobile (la langue sort très peu de la cavité buccale), la forme de la langue des cétacés varie considérablement, même si elle est généralement plate avec peu de plis ou de papilles. En outre, sa mobilité varie d'une espèce à l'autre en lien avec le régime alimentaire. Pour rappel, les odontocètes ingèrent des proies par morsure ou aspiration générée par la langue qui agit comme une sorte de piston. Elle sert à expulser l'eau de la cavité buccale et peut-être à découvrir des proies fixées à l'aide d'un jet d'eau ou jet hydraulique. Chez tous ces cétacés qui utilisent la morsure ou

◄ **Figure 36.** A) (i-v) Étapes issues d'une vue d'une caméra embarquée placée sur une baleine qui montre ce qu'elle peut visualiser lors de son attaque d'un banc de poissons (P : banc de proies). B) Les étapes (i-v) sont représentées par des schémas illustrant le déploiement de la gorge à la suite de la déformation de la langue qui permet d'engloutir les milliers de proies en même temps. C) Vues frontales successives de l'ouverture de la gueule d'une baleine à fanons montrant le plancher buccal sur lequel la langue est aplatie à l'ouverture maximale de la gueule (d).

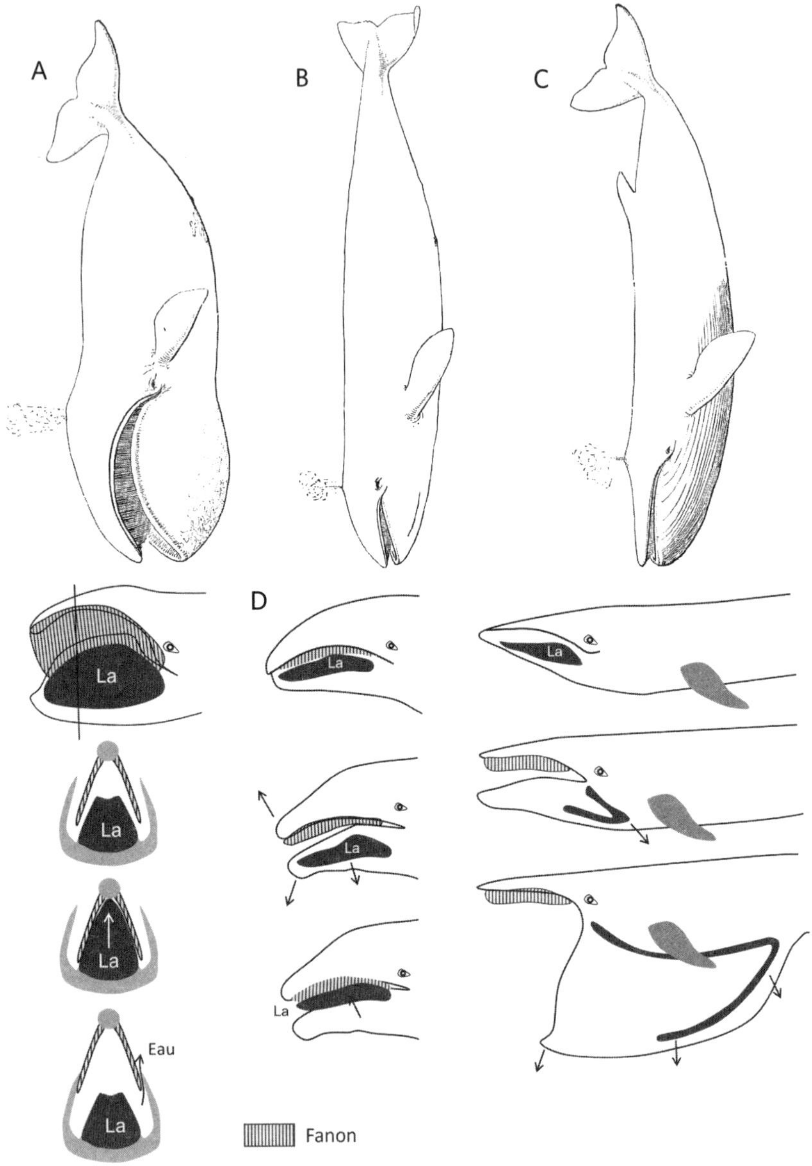
A
B
C
D
La
La
La
La
La
La
La
La
La
Eau
Fanon

l'aspiration pour attraper leurs proies, la langue intervient de manière prépondérante dans le transport de ces proies vers le pharynx, leur orientation et leur mastication lorsqu'elle se présente (proie déplacée entre les dents). Il en est de même pour l'homme.

En revanche, quels que soient le mode de filtration et la forme des fanons, la langue des mysticètes joue un rôle crucial dans l'ingestion d'une énorme quantité de petites proies (figure 37). Toutefois, sa déformation varie selon les modes d'alimentation chez différentes familles de ces cétacés. Ainsi, avec leurs très longs fanons, les baleines franches ou boréales (*Balaena mysticetus*) se déplacent la gueule ouverte. Combiné à la déformation de la langue, ce déplacement assure la filtration de la nourriture en expulsant l'eau aspirée pour faire entrer les proies dans la gueule (figure 34). Cette eau sort de leur bouche par une ouverture située en arrière de la lèvre de forme semi-circulaire. Chez d'autres espèces, engouffrer les proies se fait en prises successives. Ainsi, la baleine grise (*Eschrichtius robustus*), qui nage près du fond et tourne le long de l'axe du corps pour localiser la bouche au-dessus du fond marin, utilise de manière cyclique la dépression rapide de l'hyoïde et de la langue, ainsi que la rétraction de celle-ci pour provoquer l'abaissement du plancher buccal. Ces deux actions créent ainsi une très forte dépression intrabuccale pour attirer l'eau et les petites proies telles que des crustacés benthiques comme les amphipodes. Ce mécanisme est donc semblable à celui de l'aspiration des chéloniens et des odontocètes. De toutes les déformations de la langue, celle du rorqual (*Balaenoptera physalus*),

◀ **Figure 37.** Utilisation de la langue chez différentes familles de mysticètes. A) Baleine franche ou boréale (famille : *Balaenidae*). Les trois illustrations indiquent les déplacements des fanons et de la langue. B) Baleine grise (famille : *Eschrichtiidae*) qui utilise la langue comme d'autres tétrapodes aquatiques. C) Déformation extraordinaire de la langue du rorqual (famille : *Balaenopteridae*) (dessins des baleines de George Brown Goode, *Fisheries and Fishery Industries of the United States*, Washington DC, Government Printing Office, 1887). Les flèches indiquent le déplacement des mâchoires et de la langue. Les silhouettes de la langue permettent de montrer sa déformation dans les trois cas. (La : langue.)

notamment, compte peut-être parmi les plus extraordinaires. Comme chez tous les autres mammifères, sa langue se comporte à la manière d'un hydrostat musculaire : elle se déforme en s'invaginant pour former une poche gulaire. Les proies amenées par l'eau sont ainsi englouties. Son rôle final pourrait être différemment interprété. L'oropharynx fermé pour empêcher son entrée, cette eau serait expulsée par l'élévation hyolinguale en passant à travers les fanons. Les proies accumulées seraient avalées lorsque cette fermeture disparaît peu à peu. La rétraction de la langue déplacerait alors la nourriture dans l'oropharynx. La simple élévation de la langue pourrait aussi expulser l'eau, pousser les aliments vers l'arrière-bouche et créer ainsi un plus grand chevauchement du palais mou et de l'épiglotte. Cela resserrerait la position du larynx et protégerait les voies respiratoires, car la bouillie constituée des proies peut s'écouler autour du larynx en suivant les canaux latéraux, comme chez la plupart des mammifères non humains.

PARTIE III

Des gestes pour se nourrir et une tête pour mastiquer

CHAPITRE 21

Manger avec les mains

Différents modes de capture existent : dans l'eau, l'aspiration ou la filtration ; sur terre, la prise avec les mâchoires ou la capture avec la langue. Il existe également une stratégie complémentaire[1] : guidée par les membres antérieurs, la main peut jouer un rôle majeur pour amener la nourriture dans la gueule et aider à la manipuler. Manger sans les mains représente un lourd handicap, comme l'illustre, dans le film *Intouchables* sorti en 2011 et réalisé par Olivier Nakache et Éric Toledano, la réplique d'Omar Sy à François Cluzet qui doit être nourri à la suite de son impossibilité d'utiliser ses bras : « Pas de bras, pas de chocolat ! » Du rat au primate, des mammifères utilisent très souvent les mains pour se nourrir. Ils ne sont pas les seuls : de nombreux oiseaux tels les psittacidés (perroquets) le font avec la patte postérieure. Ils sont en outre majoritairement gauchers.

Nous, humains, nous utilisons nos mains à tout moment pour manger. Dès la préhistoire, différentes civilisations ont créé des outils de plus en plus performants : le couteau, par exemple. Inventé très tôt, il a rendu possible l'exploitation de ressources alimentaires, notamment d'origine animale. L'utilisation de couverts pour amener la nourriture à la bouche a été plus tardive. Alors que nos proches voisins, les primates anthropoïdes, peuvent utiliser la main pour récolter l'eau et la boire, la cuillère a sans doute été inventée très rapidement pour manipuler et boire. Elle a en effet été découverte dans des dépôts du Paléolithique (de 3,3 millions d'années à environ 11 700 ans avant notre ère). Elle était aussi connue des Grecs pour servir (donc manipuler) des aliments liquides, voire des œufs. La fourchette, elle, est arrivée encore plus tardivement. D'abord utilisée sans doute comme instrument pour manipuler la nourriture, elle s'est muée plus tard, à la Renaissance, en un ustensile pour amener la nourriture à la bouche. Toutefois, chez les humains comme chez de nombreux mammifères, apporter la nourriture aux lèvres et dans la bouche continue de se faire toujours sans intermédiaire, avec la main et les doigts.

Le geste ancien d'attraper

Les membres et leurs extrémités possèdent des caractéristiques qui ne sont pas uniquement influencées par les modes de locomotion sélectionnés au cours de l'évolution. Dans cette hypothèse du *trade-off*, elles sont aussi impactées par d'autres fonctions dont le comportement alimentaire. La main et ses doigts (ils n'ont pas toujours été au nombre de 5) sont donc devenus, chez de très nombreuses espèces de vertébrés, un moyen sélectionné par l'évolution pour faciliter la saisie et la manipulation, à des degrés divers, d'un nombre impressionnant d'aliments. Les lamantins, par exemple, sont coutumiers du fait (figure 23). Ces gestes ne sont pas apparus tout à coup chez les primates, voire les rongeurs, qui partagent avec eux un ancêtre commun. Ils ne sont pas liés à la bipédie, qui libérerait les mains de la locomotion quadrupède. Ces gestes pour attraper et manipuler la nourriture se retrouvent déjà chez des amphibiens, certains lézards et de très nombreux mammifères métathériens (ou non placentaires) et euthériens (ou placentaires) (figure 38).

Parmi les carnivores, les félins manipulent leur nourriture avec leurs membres antérieurs non seulement pour capturer leurs proies, mais aussi pour les tuer : le chat attrape des souris, le lion et le tigre s'agrippent à leurs énormes proies pour les étouffer. Sans l'utilisation de leurs pattes, ces carnivores ne parviendraient pas à les mordre de manière efficace. Toutefois, l'évolution de ces gestes ne peut s'envisager sans aborder leur potentiel locomoteur, notamment celui de grimper, qui sans aucun doute influence la morphologie et le

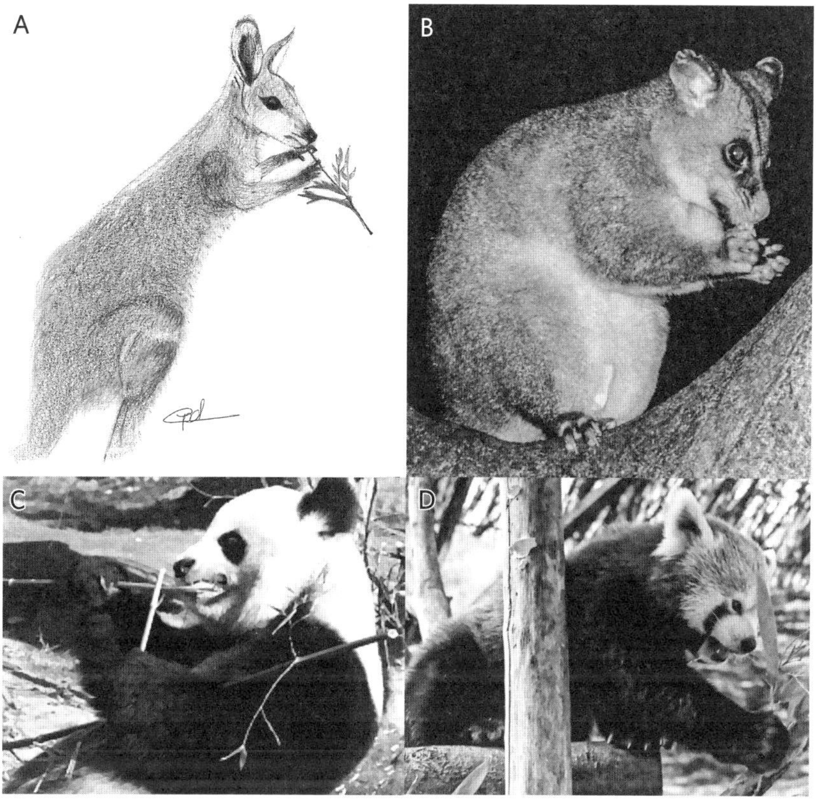

Figure 38. Un grand nombre de mammifères terrestres utilisent leurs pattes pour saisir et manipuler leur nourriture. A) Le grand kangourou roux (*Macropus rufus*). B) Dendrolague arboricole. C) Panda géant *Ailuropoda melanoleuca*. D) Panda roux *Ailurus fulgens*.

contrôle des mouvements de leurs membres[2]. Il semble pourtant que la dextérité des gestes du membre antérieur a pu varier d'une espèce à l'autre en fonction de l'« invasion » de nouvelles niches spécifiques qui pouvaient nécessiter le développement de nouvelles stratégies alimentaires[3]. Dans les forêts de kelps, les loutres de mer capturent leurs proies – des oursins – et utilisent des outils – des pierres – qu'elles prennent également avec leurs mains pour les ouvrir (figure 39).

A

Figure 39. A) Loutre marine (*Enhydra lutris*) vivant dans une région qui s'étend, dans le Pacifique Nord, du nord du Japon (île de Hokkaidō) à la Californie, où elle a failli disparaître (illustration provenant du volume *Quadrupèdes vivipares d'Amérique du Nord/ The Viviparous Quadrupeds Of North America*, par John James Audubon avec l'aide de son fils John Woodhouse Audubon ; les gravures dont sont issus ces dessins datent de 1845 à 1848). Notons que les proies usuelles de la loutre marine sont des oursins. B) Posture classique d'une loutre manipulant avec les mains et les dents des oursins sur son ventre pour s'en nourrir.

L'évolution de ce comportement est non seulement liée à celle des primates, devenus, à différents degrés, des spécialistes dans le contrôle essentiellement visuel des gestes, mais également à celle des vertébrés en général. Toutes ces observations liant morphologie, neuroéthologie et biomécanique suggèrent que l'utilisation des membres au cours du comportement alimentaire est profondément enracinée dans l'arbre phylogénétique des vertébrés. Ce geste de prise et de manipulation de nourriture avec ou sans ustensile et, évidemment, de tout objet peut sembler anodin vu son utilisation répétée à tous les instants dans la vie, et ce sans doute au cours de l'évolution de notre lignée. Depuis plusieurs années, des efforts ont été développés pour comprendre l'évolution de ce geste, en particulier sa dextérité (Figure 40), tout en gardant en mémoire que la main est un organe sensoriel tactile majeur et que certains primates, comme les saïmiris et les chimpanzés, sont capables de manipuler avec leurs pieds[4].

Comment manipuler les aliments ?

Comprendre cette évolution reste complexe et nécessite de l'envisager, notamment au niveau de la coordination neuromotrice – en particulier celle qui contrôle la dextérité –, à partir d'une réflexion basée sur la morphologie de la main et sur la connaissance du fonctionnement cérébral. Celle-ci repose sur l'observation des comportements des tétrapodes terrestres et aquatiques dans leur écosystème ou de recherches standardisées en laboratoire.

Les effets des contraintes dues à la manipulation de la nourriture sur les caractéristiques des membres antérieurs restent très souvent difficiles à interpréter étant donné que ceux-ci font partie intégrante de la locomotion. Des approches de plus en plus fines de la morphologie de la main et des doigts chez un très grand nombre de primates permettent de dépasser l'idée d'une simple évolution de la saisie dite « en puissance » à une saisie de précision avec l'extrémité des doigts[5]. La diversité des contacts entre l'objet, la nourriture

A
B
C
D
E

par exemple, et les doigts démontre la complexité du processus de saisie qui dépend non seulement de la morphologie des doigts et du contexte comportemental, mais aussi du potentiel d'apprentissage (figure 40)[6].

Une des théories actuellement en vogue proposée par un neurobiologiste canadien et ses collaborateurs s'intitule « théorie des canaux moteurs multiples » (*multiple motor channel*[7]). Cette théorie semble mieux expliquer l'évolution de la manipulation des aliments, voire des objets que celle centrée sur les primates et intitulée tout simplement « théorie primate ». Elle postule que le mouvement nécessaire pour attraper un aliment et, par conséquent, un objet pour l'amener à la bouche se compose de trois unités : atteindre, prendre et amener ou pousser dans la gueule. Cette dernière unité est, chez nous humains, très largement aidée par l'utilisation des couverts. Pour mémoire, les lamantins ont l'habitude de pousser leur nourriture dans leur gueule avec leurs membres antérieurs qui ont évolué en nageoires (figure 23). Chaque unité pourrait avoir une origine évolutive différente. Elle dépendrait des contraintes anatomiques et du potentiel de mouvements qui en découlent, par exemple, les possibilités de pronation et de supination de la main liées à la forme de son articulation qui caractérise son potentiel de rotation. Il en est de même des déplacements potentiels des différents segments des membres. Nous réalisons ces trois unités fondamentales sans nous en rendre compte, comme tous les autres mammifères, voire les vertébrés. Elles ont d'ailleurs été démontrées, à des degrés différents, chez des amphibiens en milieu aquatique[8].

◄ **Figure 40.** A-B) Les atèles, primates des forêts d'Amérique du Sud qui ont perdu le pouce, utilisent une préhension dite *de puissance* pour manipuler leur nourriture. C-D) Les entelles, qui vivent en Inde et dans le Sud-Est asiatique, sont capables de manipuler de petits objets selon le mode de *précision*. E) L'évolution des différentes modalités de préhension de tous les primates, humains y compris, est très largement discutée en lien avec l'origine arboricole souvent illustrée sur un bas-relief situé à l'entrée de la Galerie d'Anatomie comparée et de Paléontologie du Muséum national d'histoire naturelle de Paris.

Figure 41. A) Aras utilisant leur patte postérieure pour manipuler une noix. B) Talève sultane maintenant un roseau avec sa patte pour en extraire le contenu avec le bec.

Bien entendu, les gestes liés à la manipulation existent également chez les oiseaux, comme le perroquet ou encore la tavèle sultane, cet oiseau magnifique qui colonise les pièces d'eau de l'Europe du Sud, de l'Afrique y compris Madagascar, de l'Asie et de la France où il est de plus en plus souvent observable. Il se nourrit de roseaux qu'il coupe avec son bec puissant en les manipulant avec ses pattes pour en extraire les éléments les plus comestibles (figure 41). Ces animaux prennent avec le bec et jamais avec leurs pattes ! Ils manipulent les objets de manière complètement différente des mammifères puisqu'ils utilisent les pattes postérieures.

CHAPITRE 22

Mangeons-nous comme la vache et le porc ?

Cette question par laquelle nous achevons notre exploration du manger pourrait choquer : elle est néanmoins incontournable.

Tous les vertébrés mastiquent-ils ?

Qu'ils se nourrissent dans l'eau ou dans l'air, tous les vertébrés doivent amener leur nourriture à l'entrée de l'œsophage et l'avaler. Sous quelle forme ? Avant d'être avalés, les aliments sont manipulés, transformés et mélangés à la salive à divers degrés, sans doute à quelques exceptions près comme les serpents, les oiseaux et les crocodiles. Les premiers transportent leur proie tout entière vers l'œsophage par des mouvements rythmiques des mâchoires. Parmi les deuxièmes, certains oiseaux, du toucan au calao en passant par le marabout ou la cigogne, sont capables d'avaler d'énormes proies par un mode de transport dit balistique. Ce dernier est lié aux lois physiques permettant de caractériser le déplacement de leur nourriture comme un projectile qui se dirige non pas vers l'avant, mais vers l'œsophage. Dans le cas des crocodiles et autres alligators, certains auteurs ont intitulé ce comportement « *inertial feeding* », parce que lié à l'inertie de la proie provoquée par le mouvement de la tête[1]. Dans les deux cas la nourriture lancée dans l'air suit une trajectoire parabolique de l'extrémité des mâchoires au pharynx[2]. Si cette trajectoire se fait entre les dents, elle y est écrasée et transformée par les dents lors de la fermeture de la gueule. Ces vertébrés utilisent alors leur langue pour pousser la nourriture dans l'œsophage.

Chez les autres vertébrés, des reptiles aux mammifères, transformer et transporter les aliments solides est réalisé simultanément ou organisé en phases successives. Une des transformations les plus connues concerne la mastication qui existe sous différentes formes avec des effets variables sur la nourriture en fonction de ses propriétés d'écoulement dites propriétés rhéologiques. Chez les oiseaux, pour rappel, la forme du bec est influencée par la manipulation de différents types de graines, chez les fameux pinsons de Darwin, comme chez tous les oiseaux granivores d'ailleurs. Il en est ainsi de la force de morsure qui découle des caractéristiques du bec. Néanmoins, si celles-ci sont essentielles pour répondre aux propriétés des aliments, les déplacements relatifs des becs supérieur et inférieur varient selon les différentes phases de la manipulation des graines, à savoir le positionnement, l'écrasement permettant de décortiquer la graine sans la casser en morceaux et, ainsi, en perdre une partie[3]. Chaque phase comporte un nombre de cycles d'ouverture-fermeture du bec dans lesquels la partie supérieure joue un rôle majeur. Ces vertébrés disposent en effet, comme par ailleurs beaucoup d'espèces de lézards, d'une caractéristique appelée *cinétisme intracrânien* qui joue un rôle important dans le mouvement du bec supérieur. Ce cinétisme permet à différentes régions du bec supérieur de bouger l'une par rapport à l'autre sans actions musculaires. À ces mouvements viennent s'ajouter des déplacements médio-latéraux relatifs des becs supérieur et inférieur qui varient selon les différentes phases. La fréquence très élevée des mouvements du bec chez ces granivores qui avoisine les 25 hertz est semblable à celle que l'oiseau utilise pour chanter.

Différentes solutions pour transformer et transporter les aliments

Chez les mammifères qui ont sélectionné une énorme diversité de ressources alimentaires, la transformation des aliments solides joue un rôle essentiel dans leur évolution. Le transport et la transformation de ces aliments sont souvent intimement associés. Ces phases qui interviennent de l'entrée de la nourriture dans la gueule ou la bouche à sa déglutition ont été particulièrement étudiées dès le début des années 1990, aussi bien chez les humains que chez les vertébrés, mammifères en particulier, sauvages et domestiques[4]. Elles se déroulent selon un modèle devenu classique (figure 42) qui résulte de la suite d'actions intégrées des mâchoires et de la langue, appelées transport I et transport II selon la position de la nourriture et sa transformation[5]. Ainsi, un aliment capturé ou amené dans la bouche est transformé en une masse de particules alimentaires de tailles et de formes variables, appelées *bolus alimentaire*. En résumé, la nourriture est transportée de l'avant vers l'arrière de la cavité buccale, positionnée à différents endroits entre les dents pour y subir le processus de mastication. De manière schématisée, cette dernière peut être assimilée à un processus lié au fonctionnement des dents postcanines et de la langue pour assurer la dégradation physique des aliments (broyage, réduction en particules, etc.) et les associer à la salive tout au long de leur cheminement, et ce quelle que soit la forme de la dentition et du système hyolingual.

Un tel cheminement dans la gueule peut se faire dans l'eau ou dans l'air. En milieu aquatique, les mouvements de l'eau qui peut entrer et sortir s'ajoutent à ceux des mâchoires et de la langue. Analysé par des techniques aussi variées que des accéléromètres placés sur la tête des animaux, domestiques en particulier, ou des caméras embarquées, ce cheminement peut être caractérisé par les activités rythmiques intégrant les mouvements verticaux et latéraux des mâchoires à celles de la langue, de l'hyoïde et même de la tête.

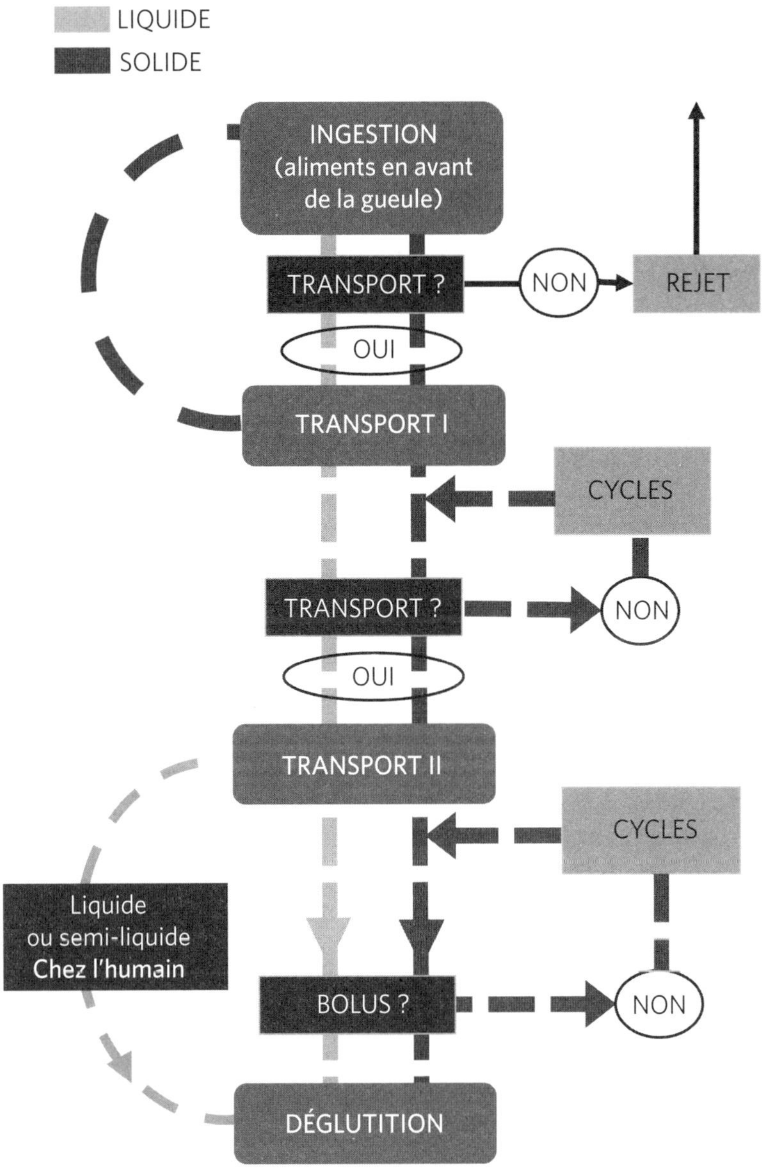

Figure 42. Succession des étapes suivies par la nourriture lors de son transport et sa transformation en bolus alimentaire. Les aliments passent par deux phases de transport (transports I et II) avant d'être avalés dès que le bolus alimentaire est constitué.

Il y a pléthore de solutions pour assurer la transformation des aliments puisqu'elle dépend des caractéristiques de la dentition – surface et modalité d'occlusion, par exemple – et des propriétés de la langue, sa mobilité en particulier. La combinaison des mouvements de ces deux structures modulées par les caractéristiques avec les aliments assure cette transformation à des degrés divers avant de l'avaler. Au vu des innombrables articles qui portent sur ce sujet, il serait fastidieux d'aborder ici les particularités de ce processus chez les vertébrés.

Le point essentiel est de retenir que les activités verticales cycliques des mâchoires et de la langue constituent la base du transport et de la transformation de tous les aliments chez tous les tétrapodes. La détermination de leurs propriétés est essentielle pour comprendre comment ces vertébrés ont été capables d'exploiter des ressources alimentaires pour qu'elles deviennent un matériel digestible. Cette détermination enrichit nos connaissances tant au niveau évolutif et adaptatif des vertébrés qu'au niveau de la santé humaine et animale. Elle a également des impacts sur l'élevage des espèces domestiques[6]. Au cours de la mastication, ces cycles vont agir différemment selon les propriétés rhéologiques des aliments qui en déterminent les déformations potentielles ; leur écoulement définit un ensemble de propriétés physiques telles que la plasticité, l'élasticité, la viscosité et la fluidité[7].

Transporter et mastiquer la nourriture

Le processus de transport et de mastication est complexe. Le résumer conduit obligatoirement à l'aborder de manière schématique. Chez les reptiles, tout au moins les squamates et les crocodiliens, qui possèdent des dents de structures relativement peu modifiées, les cycles provoquent essentiellement des impacts ponctuels des dents (*puncture crushing*) sur les proies et éventuellement leur écrasement. Les dents pointues des lézards, par exemple, rompent ainsi la chitine qui forme l'exosquelette ou « armure » externe des arthropodes. Chez les mammifères, deux grands types des cycles ont été définis de manière plus difficile selon leurs caractéristiques et celles des aliments. Ils sont identifiés notamment selon la position de la nourriture par rapport aux dents. Lors de la phase de TRANSPORT I, la nourriture est située en arrière des canines et y est plus ou moins transformée. Les cycles fonctionnent principalement en des effets de type morsure-écrasement. Ils sont décrits et quantifiés chez de très nombreux mammifères tels certains primates, les carnivores et des marsupiaux comme l'opossum. Au cours de la phase de TRANSPORT II interviennent les cycles de mastication proprement dite (*chewing*) qui impliquent des mouvements complexes verticaux, mais également des déplacements très marqués de rotation et de translation de la mandibule selon les propriétés morphologiques de son articulation au neurocrâne et évidemment les aliments sélectionnés (figure 43). Chez les autres vertébrés, les mouvements latéraux de la mâchoire inférieure peuvent exister mais restent relativement faibles, à la suite de la forme de son articulation sur le neurocrâne[8]. Comme toujours en biologie, conservons le terme « relativement » qui évoque une modulation possible de la définition des mécanismes de transport et de mastication. Nous discuterons par exemple plus en avant de la mastication réalisée par certains amphibiens – le triton, par exemple – qui entraîne des différences au niveau des modalités de la coordination motrice entre les mâchoires et la langue.

Notons qu'il existe, chez les humains, des différences entre des caractéristiques de ce processus de mastication selon le sexe alors que l'organisation temporelle reste invariable. Pour un même aliment, les femmes montrent, en moyenne, un nombre plus élevé de cycles de mastication et des durées totales de cette mastication plus longues par rapport aux hommes, probablement en lien avec des différences morphologiques et physiologiques dans la musculature masticatoire. Toutefois, la manière dont les bouchées sont captées avant que commence cette mastication peut également expliquer de telles différences[9].

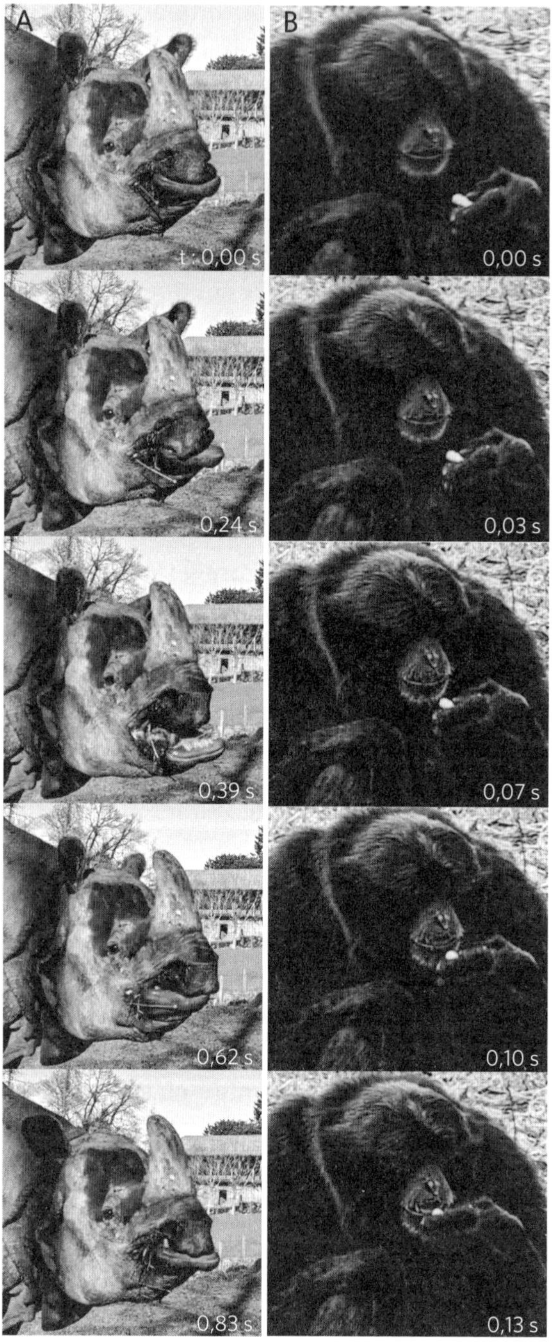

Figure 43. Mastication chez les mammifères. A) Séries d'images successives montrant le déplacement conséquent de rotation de la mandibule chez le rhinocéros indien (*Rhinoceros unicornis*). B) Séries d'images successives montrant le déplacement conséquent de rotation de la mandibule chez le siamang (*Symphalangus syndactylus*).

De même, n'oublions pas que nous introduisons la nourriture avec nos doigts ou des couverts. Elle est donc positionnée à différents endroits. Le processus de transformation dépendra très fortement de ce positionnement combiné, en particulier, à la texture des aliments. Les cycles masticatoires qui impliquent des mouvements coordonnés des mâchoires et de la langue sont donc complexes : ils se rencontrent sous différentes formes chez un très grand nombre de tétrapodes mammifères ou non, l'humain y compris. Intéressons-nous-y !

L'homme mastique-t-il comme un porc ?

Selon le cheminement expliqué ci-dessus, tous les aliments solides sont triturés, mélangés à la salive, mastiqués, transportés vers le pharynx à l'entrée de l'œsophage et finalement avalés grâce aux activités rythmiques cycliques des mêmes structures trophiques, des mâchoires au neurocrâne en passant par la langue !

Au cours de ces cycles de mastication, la langue joue divers rôles. Au début d'une séquence de mastication d'un aliment, elle sert essentiellement à positionner la nourriture entre les dents qui peuvent ainsi agir pour en modifier les propriétés. Elle agit également dans le mélange des aliments et de la salive. En fin d'une séquence de mastication, elle joue un rôle de plus en plus important pour transporter la nourriture vers l'œsophage.

Pour mémoire, nous, les humains, sommes des tétrapodes issus d'ancêtres passés en milieu terrestre. Nous avons conservé des caractéristiques neuromotrices des mouvements relatifs des mâchoires et de la langue définissant le « cycle typique de tétrapode ». Transporter et mastiquer des végétaux fibreux pour un rhinocéros ou de la viande pour un tigre ou encore manger des spaghettis pour un humain sont autant de mouvements complexes qui associent de manière cyclique le mouvement vertical des mâchoires et le déplacement principalement antéro-postérieur

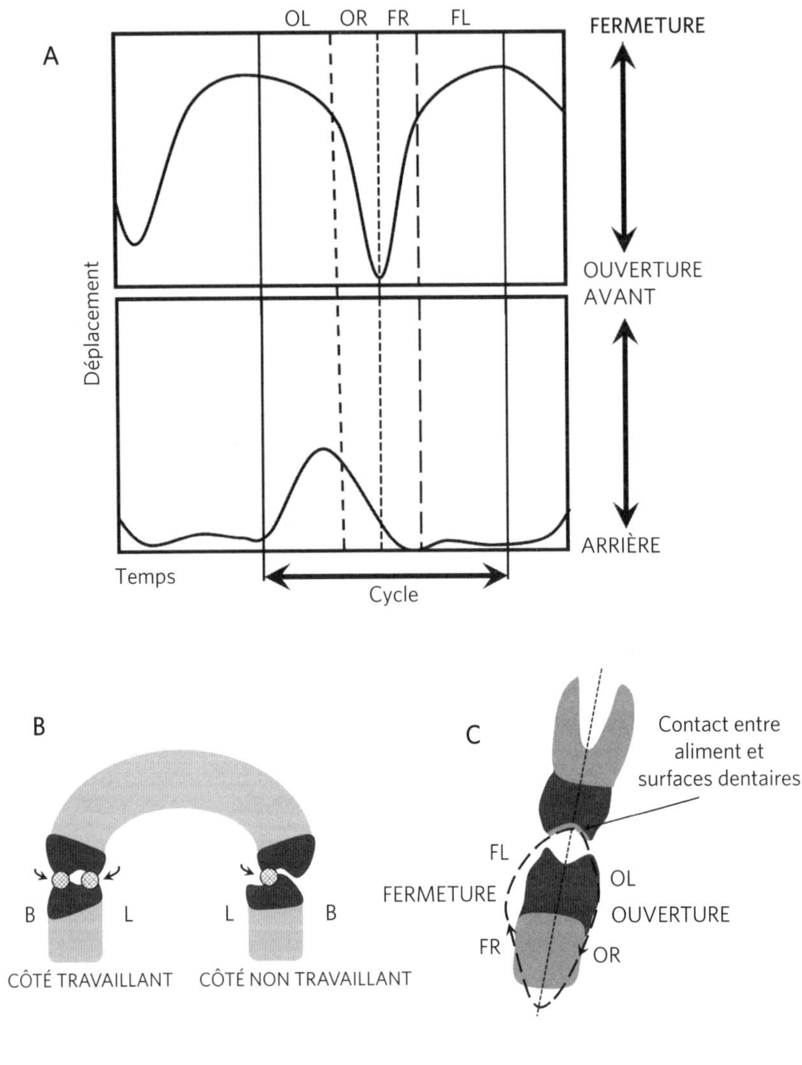

A
OL
OR
FR
FL
FERMETURE
OUVERTURE
AVANT
ARRIÈRE
Déplacement
Temps
Cycle
B
B
L
L
B
CÔTÉ TRAVAILLANT
CÔTÉ NON TRAVAILLANT
C
Contact entre aliment et surfaces dentaires
FL
OL
FERMETURE
OUVERTURE
FR
OR

de la langue soutenue par l'hyoïde et les mâchoires (figure 43). À ces mouvements verticaux des mâchoires peuvent venir s'associer des déplacements antéro-postérieurs et latéraux, et des déformations de la langue qui lui permettent de s'élever et de s'abaisser également de manière rythmique. Les caractéristiques du déplacement cyclique vertical des mâchoires sont invariables (figure 44) : ouverture lente et rapide, et fermeture rapide et lente. Lors de la fermeture de la gueule, chez de nombreux tétrapodes, les mammifères en particulier, la rotation de la mandibule associée à son déplacement vertical peut évidemment conduire à des contacts différents d'un côté (côté actif ou travaillant) par rapport à l'autre (côté opposé dit *balance*). Ce déplacement est également lié à un mouvement asymétrique de la langue qui se déforme selon différentes directions pour assurer le déplacement de la nourriture entre les dents. Au cours de chaque cycle caractérisé par son ouverture et par sa fermeture, le mouvement de la mandibule est donc caractéristique d'une forme qui varie selon les propriétés des aliments, de la dentition et des condyles des mâchoires au niveau de leurs articulations. Selon le cycle vertical des mâchoires présent chez tous les tétrapodes, la langue intervient par son avancée et son élévation lors de l'ouverture de la gueule, et par sa rétraction et son abaissement lors de la fermeture de cette gueule.

Ces cycles montrent des propriétés semblables ! Nous avons donc conservé des caractéristiques ancestrales dites *plésiomorphiques*, mises en place lors du passage à la vie terrestre. Même chez les tétrapodes retournés en milieu aquatique, ces caractéristiques ont

◄ **Figure 44.** A) Modèle d'un « cycle typique de tétrapode » utilisé pour transporter et transformer la nourriture. Ce modèle est conforme quelle que soit la forme du crâne et de la langue aussi bien chez les reptiles que chez les mammifères. Il est modifié si la langue est transformée (voir le darder lingual du serpent ou très court, comme chez de nombreux oiseaux). Les flèches indiquent les contacts au niveau de l'occlusion, c'est-à-dire au moment du contact entre les dents et les aliments qui sont représentés par les petits cercles gris. B) Rôle différent des dents lors de la rotation de la mâchoire (B. côté extérieur de la bouche ; L. côté interne de la bouche [du côté de la langue] ; C. mouvement cyclique de la mâchoire lors de chaque cycle ; FL : fermeture lente ; FR : fermeture rapide ; OL : ouverture lente ; OR : ouverture rapide).

été conservées moyennant certaines modulations très importantes – chez les cétacés mysticètes, par exemple. Les cycles de déplacements verticaux des mâchoires (*gape cycles* en anglais) suivent en effet un même modèle. Cependant leurs caractéristiques physiques (amplitude, vitesse, accélération, etc.) peuvent avoir été largement modulées au cours de l'évolution, en lien avec la morphologie et l'écologie du comportement alimentaire en particulier.

Que l'on soit un porc, un kangourou, un lion ou un humain, le contrôle neuromoteur de ces cycles, du transport à la mastication, pourrait être considéré comme identique. Ainsi, la forme des mouvements verticaux des mâchoires contrôlés par l'activité des muscles qui les ouvrent et les ferment présente le même profil d'une espèce à l'autre, qu'il s'agisse d'un porc se délectant de pommes de terre, d'une girafe ou d'un rhinocéros qui mâche du foin, ou encore d'un humain qui mastique un morceau de viande ou mange un hamburger (figures 43 et 44) !

Au cours de chaque cycle, la phase d'ouverture de la gueule se divise en ouverture lente et rapide, et sa phase de fermeture, en fermeture rapide et lente (figure 44). Si la nourriture est coincée entre les dents, cette fermeture lente permet aux dents d'exercer toute leur force sur cette nourriture. Si la forme des condyles au sein de l'articulation le permet, ces dents exécutent également différents effets sur la nourriture à la suite de la rotation et de la translation de la mâchoire inférieure. Tout comme la musculature qui dirige les déplacements relatifs des deux mâchoires, les caractéristiques de ces articulations varient selon le sexe et les caractéristiques faciales des individus. La biomécanique de cette articulation qui dépend des individus peut influencer l'état de santé, par exemple au niveau de l'impact de la fatigue due à son utilisation.

Lorsque les dents sont mises en contact sans déplacements latéraux, les surfaces occlusales se rejoignent dans une position dite *intercuspidienne*, liée à une occlusion centrée. Lors de l'occlusion dite dynamique, la mandibule se déplace médio-latéralement et provoque ainsi un déplacement latéral de la mâchoire inférieure par rapport au maxillaire supérieur. La forme des mouvements de rotation et de translation de la mâchoire inférieure ajoutés à son mouvement vertical est modulée en fonction de la forme des condyles participant à l'articulation entre cette mâchoire inférieure et le neurocrâne. En outre, la forme de ces mouvements médio-latéraux a évolué selon les spécialités du régime alimentaire : d'un mode vertical unique qui conduit à un travail symétrique de la mâchoire inférieure, c'est-à-dire semblable des deux côtés, à des modes comprenant un côté actif ou travaillant (*working side*) qui conduisent à la transformation la plus marquée des aliments, et un côté opposé dit *de balance* (*balancing side*). Le contact entre les aliments et les surfaces dentaires est donc différent des deux côtés, et ce contact évolue également au cours de l'occlusion. De quelque degré que soit le mouvement mandibulaire, les dents du côté actif sont en contact maximal avec les aliments par rapport au contact du côté opposé (*balancing side*). Les caractéristiques de l'occlusion peuvent être largement modifiées selon l'usage des dents et des mâchoires, par exemple la dégradation des disques articulaires[10]. Le phénomène de *malocclusion* est bien connu de tous, des dentistes en particulier, et varie à des degrés divers selon des facteurs plus que nombreux, de l'alimentation à la région géographique[11]. Cependant, le cycle vertical de la mandibule suit le même patron de déroulement des deux côtés tout au long de la vie durant laquelle nous mangeons de la nourriture solide.

L'air ne pouvant plus être utilisé pour déplacer la nourriture dans la gueule ou la bouche, en milieu terrestre, le déplacement des mâchoires est coordonné à ceux de la langue. Cette dernière glisse et se déforme, en s'élevant de manière variable vers et/ou sous la nourriture au cours de la phase d'ouverture lente et recule brusquement avec l'aliment au cours de la phase d'ouverture rapide, en s'abaissant tout au moins partiellement. Soit elle déplace ainsi cet aliment entre les dents où il peut être transformé/mastiqué, soit elle le transporte vers le pharynx dans lequel s'ouvre l'œsophage. Les cycles des mâchoires et de la langue sont ainsi coordonnés, la langue suivant une sorte de mouvement de loupe selon le mouvement contraire des aiguilles d'une montre si la gueule de l'animal est orientée vers la gauche.

Langue et mâchoires : un duo coordonné

Le mouvement de la langue est coordonné à celui des mâchoires. Pour mémoire, la langue joue un rôle majeur dans la capacité de déplacer les aliments dans la cavité buccale. Observer une vache, un porc ou un cheval, ou encore un homme permet de mettre en lumière sa coordination avec les déplacements des mâchoires. La langue des vertébrés est capable de mouvements et de déformations extraordinaires selon différents degrés de liberté. En se contractant de manière combinée, certains muscles lui permettent de se plier ; d'autres, de se tordre, et d'autres encore, de s'allonger comme la langue des caméléons. Il est intéressant de noter que les mouvements de la langue lors de la mastication restent relativement mal connus. D'après des travaux récents qui comparent différents modèles animaux (les macaques, les porcs et l'homme), il semble possible que la torsion et la flexion de la langue soient deux mécanismes communs (mais pas uniques) importants permettant de positionner le bol alimentaire entre les dents pour en assurer la trituration. Tous ces mouvements dépendent de la complexité de la musculature – par exemple, l'orientation des fibres musculaires – et de ses propriétés. Ils dépendent aussi du potentiel des mouvements sanguins intralinguaux, voire de mouvements de l'appareil hyoïdien qui non seulement soutient la langue, mais en produit aussi la projection, notamment chez les salamandres. Cependant, son déplacement et sa déformation dans l'espace restent encore à approfondir[12]. Ainsi, chez le macaque, modèle classique pour étudier la mastication et la déglutition chez les primates, elle se déplace selon deux axes principaux : l'allongement et la torsion. Sa musculature est tellement complexe que certaines parties peuvent agir indépendamment les unes des autres, comme nous le verrons dans la succion chez le nourrisson.

Nous avons abordé la complexité des structures et des mécanismes permettant aux « poissons », dont nos ancêtres aquatiques, d'attraper et de transporter leur nourriture grâce à l'eau utilisée comme véhicule. Ces comportements nécessitent une activité cyclique coordonnée des mâchoires, du plancher buccal et des arcs branchiaux. Nous avons montré qu'avaler la nourriture peut également se faire éventuellement à l'aide des mâchoires pharyngiennes situées sur ces arcs. Chez les tétrapodes, nous venons d'insister sur l'évolution de la langue et sur son rôle dont l'action est coordonnée à celles des mâchoires, non seulement pour capturer, mais également pour manipuler ou mastiquer et pour transporter la nourriture en milieu terrestre. Mastiquer pourrait dériver comme un cas particulier du mode de coordination des cycles impliqués dans le transport de la nourriture. Toutes ces activités cycliques relèvent partiellement d'un même profil vertical chez tous les tétrapodes terrestres, même chez ceux qui sont retournés en milieu aquatique et qui y mangent leur nourriture sans sortir la tête de l'eau, les tortues par exemple. Cependant il ne faut pas oublier que le positionnement de cette nourriture, des proies vivantes par exemple, est lié à des mouvements intrabuccaux de l'eau dus au mécanisme d'aspiration et de rejet de cette eau au cours des cycles des mâchoires, comme démontré chez la tortue matamata qui vit en Amazonie[13].

Lézards, tortues, vache, cochon, singe et homme : les tétrapodes transportent donc leur nourriture avec des cycles rythmiques semblables impliquant de manière importante la coordination des cycles des mâchoires et de la langue ! Peuvent varier la dynamique temporelle et les caractéristiques des mouvements de ces mâchoires, telles l'amplitude des déplacements mandibulaires, ainsi que la présence de rotation et de translation, et des déformations linguales qui produisent des réponses biomécaniques locales différentes[14].

Cependant, il reste de nombreuses questions sur le mouvement relatif de la langue et sur les déformations linguales au cours du transport, de la mastication et, certainement, de la déglutition du bolus. Ce mouvement et ces déformations semblent être largement modulés d'une espèce à l'autre, notamment chez les espèces étudiées comme modèle animal[15]. Le mécanisme de la rétraction de la langue lors de la déglutition est encore débattu car il implique des mouvements linguaux liés à sa musculature extrinsèque et à sa déformation produite par la musculature intrinsèque, la langue se comportant finalement comme un hydrostat de volume constant. Ainsi, les forces agissant à l'intérieur de la langue liée aux diverses activités musculaires qui la déforment sont impliquées dans deux types de mécanismes : un mécanisme hydraulique qui serait utilisé par les primates tels que le macaque et l'homme ou une combinaison de ce même mécanisme avec un mécanisme hydrostatique, comme cela est le cas chez l'hyène et le chat, par exemple. L'analyse de ces mécanismes et de leur application aux mouvements de la langue devrait aider à comprendre comment ces déformations, torsion et flexion par exemple, interviennent pour aborder des problèmes de santé tels que la dysphagie. Le mécanisme intitulé *rétraction de la base de la langue* (*tongue base retraction* ou TBR) est considéré comme l'hypothèse traditionnelle pour expliquer la déglutition chez les mammifères, du singe au rat en passant par le lapin. Toutefois, la rétraction de la langue, associée à des forces hydrauliques ou hydrostatiques, pourrait être plus complexe.

Origine et conservatisme des cycles de mastication

Chez tous les tétrapodes anamniotes et amniotes[16], le squelette de la tête, les dents et autres structures telles que la langue se sont transformés au cours de l'évolution. La multiplicité des contraintes liées à leur rôle biologique associé à l'alimentation, l'agression et la défense notamment, n'est plus à démontrer. Elle se traduit sous le terme de compromis évolutif. Cette évolution s'est réalisée en l'absence de la possibilité d'utiliser l'eau comme fluide pour les différentes phases du comportement alimentaire. Capter et transporter vos aliments uniquement avec l'air est voué à l'échec ! Le retour convergent à la vie aquatique observé chez les amniotes tels que les reptiles, les oiseaux et les mammifères a, de nouveau, donné aux espèces concernées la possibilité de l'utilisation de l'eau comme véhicule de leur nourriture, les proies vivantes qui y sont chassées.

La complexité de la mastication

La question qui porte sur l'évolution du contrôle neuromoteur de la mastication chez les tétrapodes, des amphibiens aux mammifères – homme y compris –, reste donc encore ouverte. Comme l'ont montré des études sur les amphibiens tels que les tritons, la mastication est en effet un processus complexe qui peut être différent selon les caractéristiques de la cavité buccale[17].

Le triton : cet amphibien mastique-t-il ?

Ce tétrapode représentant des amphibiens de type salamandre montre de fait une diversité de comportements alimentaires, de la capture au transport de proies vivantes, incluant un certain type de mastication. Sa langue exécute un même cycle de protraction et de rétraction avec, toutefois, une coordination avec le cycle des mâchoires différente de celle des amniotes qui mastiquent. Au cours de l'ouverture de la gueule, la langue est d'abord avancée puis rétractée. Lors de la fermeture de la gueule, cette langue continue à se rétracter puis recommence à avancer ; cette protraction continuant au début de l'ouverture de la gueule du cycle suivant.

De plus, d'abord stationnaire au cours de cette ouverture, la langue s'abaisse alors qu'elle s'élève chez les amniotes. Lors de la fermeture de la gueule sur la proie, la langue aboutit à son élévation maximale. Poussée par cette langue contre la paroi buccale, la proie est alors véritablement rappée en passant sur les dents pharyngiennes. Il semble donc que les cycles des mâchoires et de la langue sont coordonnés différemment. Cette évolution du mode de coordination pourrait être liée au rôle biologique moins important des dents des mâchoires pour transformer la nourriture et à celui majeur des dents qui tapissent le pharynx chez ces amphibiens et agissent de manière prépondérante sur les proies. Cette hypothèse implique que la coordination entre les mouvements de la tête et de la langue est plus importante chez les anamniotes que chez les amniotes. Cependant, les études de l'impact du palais sur la transformation des aliments restent très peu développées chez les mammifères, en particulier ceux qui ont évolué vers l'édentulisme, comme les échidnés et l'ornithorynque.

Évolution de la mastication et énergie

Chez l'homme notamment, le comportement alimentaire et son évolution dans la préparation des aliments ont eu sans nul doute des conséquences sur les caractéristiques morphologiques du système masticateur, de la longueur de la mâchoire inférieure à sa largeur en passant par son articulation sur le neurocrâne. Par exemple, la variation de longueur de la mandibule change la position de la force maximale produite lors de la fermeture de la gueule. De même, l'énergie impliquée dans le processus de mastication a pu avoir un effet sur l'évolution de ce dernier. De nos jours, la mastication des aliments représente une part très faible de l'énergie dépensée quotidiennement puisqu'elle est estimée représenter environ 1 % de notre dépense énergétique journalière totale. Il n'en était sans doute pas de même pour nos ancêtres.

Au cours de leur évolution, les plantes ont développé des systèmes efficaces de défense contre les prédateurs, notamment grâce à leur dureté. Ainsi, les membres les plus anciens du genre *Homo* qui exploitaient des végétaux non domestiqués ont dû dépenser plus d'énergie pour les mastiquer et les transformer en particules ingérables. La mastication humaine a sans aucun doute évolué en lien avec le changement alimentaire lié à la transformation de la viande avec l'utilisation du feu permettant de la cuire et à l'agriculture, il y a environ 10 000 ans, qui a fourni en abondance du matériel végétal plus facile à mastiquer. Au cours de Pliocène et du Pléistocène, les hominiens semblent avoir sélectionné un régime alimentaire comportant plus de viande. L'utilisation d'outils pour modifier la tendreté de la viande et surtout sa cuisson a sans aucun doute influencé leur mastication, notamment en permettant de supprimer des séquences de mastication très longues et donc coûteuses en énergie. Au contraire, certains auteurs estiment que le calcul du coût énergétique de la mastication démontre que nos ancêtres consommaient peu de viande car coûteuse en énergie[18]. Cette hypothèse peut être confirmée par l'observation des grands singes tels que le chimpanzé qui mastiquent très longuement la viande crue issue de leur proie telle celle d'autres singes qu'ils chassent en groupe[19].

Chez les tétrapodes amniotes, la mastication est-elle un comportement homologue ?

Pour rappel, de moins en moins de chercheurs ont tendance à séparer l'homme et son évolution des primates, ces tétrapodes dont ils dérivent. Nous les incluons dans cette discussion. Nous avons montré qu'humain, vache et cochon présentent des activités cycliques de la tête, des mâchoires et de l'appareil hyolingual semblables à celles des lézards et des tortues[20]. Comment les modes de coordinations ont-ils pu évoluer lors du passage à la vie terrestre et au cours de l'évolution des tétrapodes ? Chez les poissons, le cycle de base utilisé pour capturer et transporter n'importe quel aliment, notamment les proies vivantes, repose sur l'association entre l'ouverture-fermeture verticale de la gueule et l'expansion de la cavité buccale qui induit la dépression nécessaire à une aspiration de l'eau. Les deux mouvements sont plus ou moins marqués selon les conditions d'alimentation (taille de la proie, par exemple). Lors du passage à la vie terrestre, ces cycles ont évolué vers le type « tétrapode » à la suite de l'adjonction du rôle majeur de la langue.

Les paramètres de ces cycles (déplacement, vitesse, force exercée, etc.) peuvent être modulés en réponse de facteurs internes tels que la forme de la cavité buccale, le sexe, le vieillissement, l'état sanitaire du système dentaire notamment (perte de dents, déformation de la mâchoire, par exemple) et de facteurs externes qui impliquent la texture, le volume, la taille ou encore le goût des aliments. Ces deux facteurs qui se combinent régulent des paramètres des cycles tels que la fréquence, l'amplitude ou encore la durée des différentes phases. Toutefois, l'organisation spatio-temporelle de ces dernières qui semble ne pas changer du lézard à l'homme reste réellement à évaluer chez de nombreuses espèces en lien avec leur spécialisation alimentaire, même si les mouvements de la langue et sa déformation varient d'une espèce à l'autre. Ainsi, le porc, le singe et l'humain, par exemple, exécutent des dizaines de cycles dont le patron neuromoteur est, à la base, semblable, mais modulé par les mouvements de rotation et de translation de la mandibule.

CHAPITRE 23

Nourrir sa progéniture : une nécessité

Chez de très nombreux vertébrés, les adultes ne se préoccupent pas de nourrir les nouveau-nés qui doivent se débrouiller dès leur naissance pour trouver et, surtout, capturer leur nourriture, des proies vivantes, par exemple (figure 45). À l'exception des oiseaux[1], les reptiles qui pondent des œufs n'engagent aucun soin parental pour leurs rejetons. Par exemple, les tortues, les lézards et les serpents nouveau-nés se débrouillent seuls pour manger. Leur comportement ne montre pas ou prou de différences avec celui des adultes[2]. Dès leur naissance, les nouveau-nés de tortues marines doivent se déplacer vers la mer pour y trouver nourriture et refuge. Sauf si les petits sont protégés par des actions humaines telles que le relâché surveillé sur les plages, seul un nombre très limité d'entre eux survit à cette épopée. De surcroît, dès qu'ils atteignent l'eau, ils ingèrent également des matières plastiques, de morceaux d'une taille égale à 25 % de la longueur de leur carapace aux microplastiques et du goudron. Ces tortues marines, notamment celles qui vivent en Méditerranée comme la tortue verte herbivore *Chelonia mydas*, sélectionnent en effet des déchets plastiques présents sur leurs zones de nourrissage en fonction de leur couleur, de leur taille et de leur forme. Ces animaux attrapent leur nourriture et les morceaux de plastique avec les mâchoires, ce qui facilite leur ingestion, et les transportent aisément avec la langue vers l'œsophage. Ces morceaux s'accumulent alors dans les voies digestives. Cette matière plastique, qui présente des similitudes avec la nourriture de ces tortues, serait ainsi ingérée selon un processus de « sélectivité active » et non pas de manière simplement

A
B
C
D
E
F
G
H
200
150
100
50
0
Nombre de pièces ingérées
20 30 40 50 60 70 80 90
Taille de la tortue (cm)

accidentelle ou opportuniste[3]. Une telle ingestion diminue leur chance de survie et, finalement, représente une pression complémentaire à la chasse et à toutes les pollutions marines qui conduisent les populations de tortues marines à disparaître petit à petit de manière silencieuse[4].

Nourrir sa progéniture

A contrario, nous pouvons observer que des oiseaux et les mammifères nourrissent leur progéniture, ce qui implique des développements du comportement alimentaire très différents. Tous les oiseaux pondent des œufs, les couvent et ensuite assurent la survie et la croissance de leur progéniture[5]. La distribution de la nourriture par les parents a été très largement étudiée chez un grand nombre d'espèces en fonction de leur trait d'histoire de vie : altricial (nidicole) et précoce (nidifuge)[6]. En résumé, les oiseaux altriciaux naissent complètement immatures. Ils nécessitent donc des soins parentaux, en particulier un nourrissage continu, durant des périodes souvent longues. Les parents effectuent le plus souvent de fréquents va-et-vient pour nourrir leurs propres nouveau-nés ou encore ceux d'espèces parasites – du coucou, par exemple. Un grand nombre d'espèces utilisent la régurgitation de la nourriture comme moyen efficace de nourrir les jeunes. Par exemple, les calaos mâles régurgitent la nourriture pour assurer le nourrissage des

◄ **Figure 45.** A) Dès qu'elles atteignent le milieu marin pour y manger, les tortues marines ingèrent des morceaux de plastique de différentes formes et tailles. B) Elles semblent préférer des tailles déterminées, ce qui conduit à l'hypothèse d'une ingestion volontaire même de déchets abandonnés par l'homme. C) À l'exception des crocodiles, les nouveau-nés chez les reptiles actuels doivent se débrouiller seuls. D-F) Les oiseaux sont les seuls reptiles actuels qui nourrissent leurs jeunes. Ceux-ci doivent donc passer tout comme les mammifères d'une étape de nourrissage à une étape de capture et de transport des aliments. G-H) Les mammifères allaitent leurs nouveau-nés qui doivent passer, à des vitesses différentes, d'une alimentation lactée à une alimentation solide. (B. grèbes huppés - E. pic noir - F. tourterelle turque - G. kangourou roux - H. gibbon.)

jeunes et, également, celui des femelles enfermées dans un creux d'arbres à l'ouverture scellée pour éviter les prédateurs. Recevoir sa nourriture en restant la gueule ouverte et, ensuite, la capturer et l'avaler sont des mécanismes complètement différents qui nécessitent sans doute, lors du passage de l'un à l'autre, une maturation du comportement qui reste encore peu connue. Chez d'autres espèces, tels les rapaces, la nourriture est distribuée par les parents. Chez les oiseaux précoces, tels les limicoles, les nouveau-nés se déplacent rapidement hors du nid et se nourrissent seuls, tout en étant accompagnés de leurs parents. Ils vont très rapidement se nourrir immédiatement comme les adultes. Certaines espèces comme les grèbes sont considérées comme semi-précoces.

Qu'ils soient altriciaux, comme l'homme ou encore les carnivores, ou précoces, comme les ongulés, tous les mammifères passent d'un régime alimentaire uniquement liquide à un régime solide[7]. Un tel passage qui se fait dans une période plus ou moins longue de sevrage n'est pas toujours simple et montre une variabilité individuelle très marquée. Il suffit de penser aux difficultés plus ou moins importantes pour nous, primates humains, lors du passage d'une alimentation lactée – au sein ou au biberon – à des aliments solides à mastiquer. La langue joue un rôle majeur dans ces deux comportements : boire, d'une part, et mastiquer, d'autre part. N'oublions pas non plus que la langue permet de prendre, d'attraper sa nourriture, qu'elle soit animale, des proies vivantes et mobiles notamment, ou végétale.

PARTIE IV

Boire avec la tête et les pieds : des innovations évolutives extraordinaires

CHAPITRE 24

L'eau corporelle : un fluide sans cesse en mouvement

L'eau est indispensable à tous les organismes qui peuplent notre planète. Parmi ceux-ci, les vertébrés ont besoin de maintenir une balance hydrique destinée à assurer le bon fonctionnement physiologique de leur organisme, ou homéostasie. Même si le corps des vertébrés est principalement constitué d'eau – le corps humain en contient environ 60 % –, celle-ci ne peut néanmoins s'accumuler dans l'organisme. De nombreuses stratégies ont donc été mises en place au cours de l'évolution pour assurer un flux corporel qui maintient cette balance hydrique : de l'eau entre dans le corps ; de l'eau sort du corps. Ces entrées et sorties continues varient selon le milieu (figure 46). Dans ce processus, boire est un acte majeur.

Comme nos ancêtres aquatiques lointains et, plus encore, les tétrapodes retournés secondairement en milieu aquatique, les poissons ont vécu et vivent dans des environnements avec des degrés variables de salinité. Par exemple, les étendues d'eau salée ont une salinité moyenne de 34,7 g/l qui peut atteindre 44 g/l pour la mer Rouge et 300 g/l pour la mer Morte, alors qu'elle ne dépasse pas 7 g/l pour la mer Baltique. Au contraire, l'eau douce dans laquelle vivent également certains de ces vertébrés contient une très faible quantité de sel. En milieu terrestre, boire pour maintenir l'homéostasie étant vital, le comportement pour acquérir de l'eau sera très spécifique. À l'opposé, certaines espèces comme des oiseaux et des chauves-souris sont, elles, adaptées pour se nourrir uniquement de liquide tel que du nectar. D'autres, comme des lézards, utilisent les pieds pour boire…

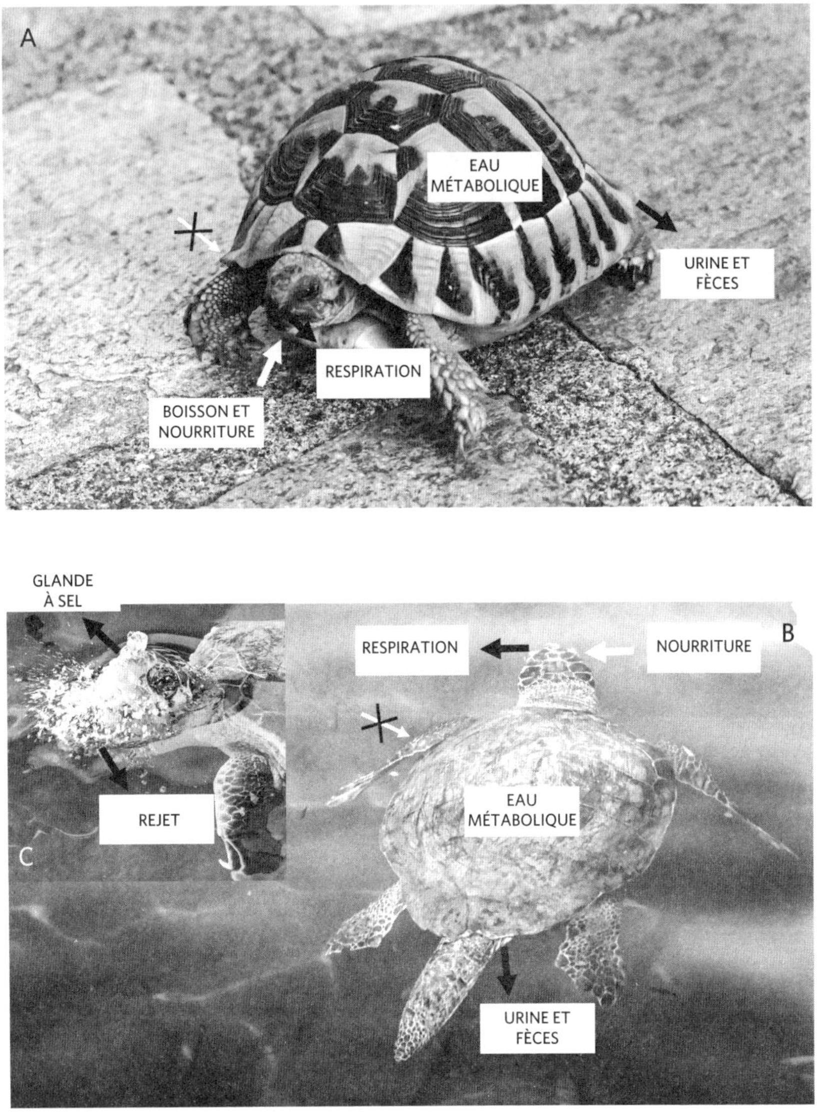

Figure 46. Comparaison des entrées (flèches blanches) et sorties (flèches noires) chez les tortues terrestres (A) et aquatiques (B), montrant les différentes voies du flux d'eau au sein des organismes vivants. L'eau ne peut pénétrer par la peau (flèche barrée). Le trop-plein d'eau et de sel est rejeté par les narines chez les tortues marines (C).

L'eau que nous, humains, consommons est très pauvre en sel : sa qualité organoleptique adéquate est inférieure à 200 mg/litre. En outre, dès la naissance, nous devons absolument être capables de boire le lait maternel, ce seul aliment qu'il nous est donné d'avaler et de digérer pour assurer notre développement.

Boire un verre d'eau pour étancher sa soif est, pour chacun de nous, un geste *a priori* très simple alors qu'il est en réalité l'aboutissement d'une histoire évolutive très complexe qui associe notamment des mouvements coordonnés de la main, des lèvres et de la langue. Pour survivre, nos ancêtres ont dû, comme tous les primates, trouver de l'eau ou d'autres liquides tels du miel ou du nectar et être capables de l'amener à la bouche (figure 47).

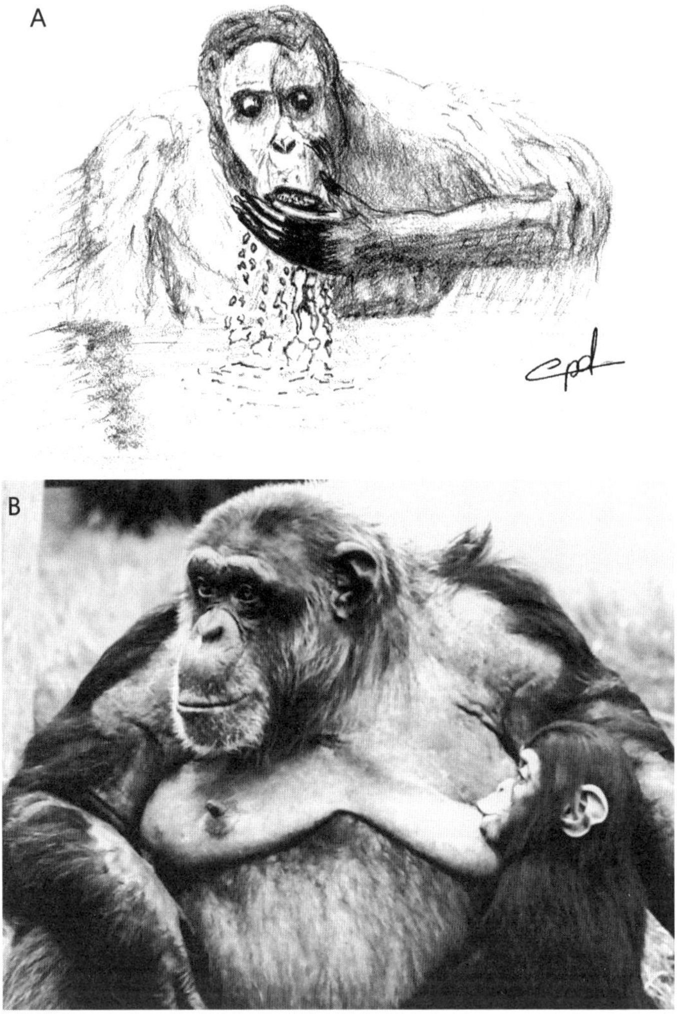

Figure 47. Comme tous les primates, l'orang-outang (A) utilise différentes stratégies pour boire. Très courante chez les anthropoïdes, l'utilisation de la main pour porter l'eau à la bouche a été sans aucun doute pratiquée par nos ancêtres et a constitué un geste essentiel à notre survie et à notre évolution. La tétée, illustrée ici chez le chimpanzé (B), est le seul moyen des mammifères nouveau-nés pour assurer leur croissance.

CHAPITRE 25

Les poissons boivent-ils ?

Pour mémoire, ces vertébrés sont porteurs de branchies perméables à l'eau et aux ions. Si certains poissons appelés *euryhalins* sont capables de vivre dans des milieux salins très variés, d'autres appelés *sténohalins* vivent uniquement dans des milieux dont la salinité varie très peu. Chez les poissons d'eau douce, les fluides corporels sont généralement hyperosmotiques, c'est-à-dire plus riches en sel que leur environnement. Ces animaux qui ne boivent pas ingèrent donc de l'eau principalement en se nourrissant. Leurs branchies étant perméables à l'eau, ils sont contraints d'en éliminer le surplus, tout en conservant les électrolytes à travers une urine très diluée ou hypotonique. Au contraire, pour rester hydratés dans un milieu hyperosmotique, les poissons marins doivent absorber de l'eau par la nourriture et en buvant éventuellement de l'eau de mer. Ils ingèrent alors une importante quantité de sels qu'ils doivent éliminer pour maintenir une balance hydrique et ionique adéquate au fonctionnement cellulaire. À cet effet, leurs branchies disposent de cellules capables d'extraire de manière active les ions vers leur environnement (figure 48).

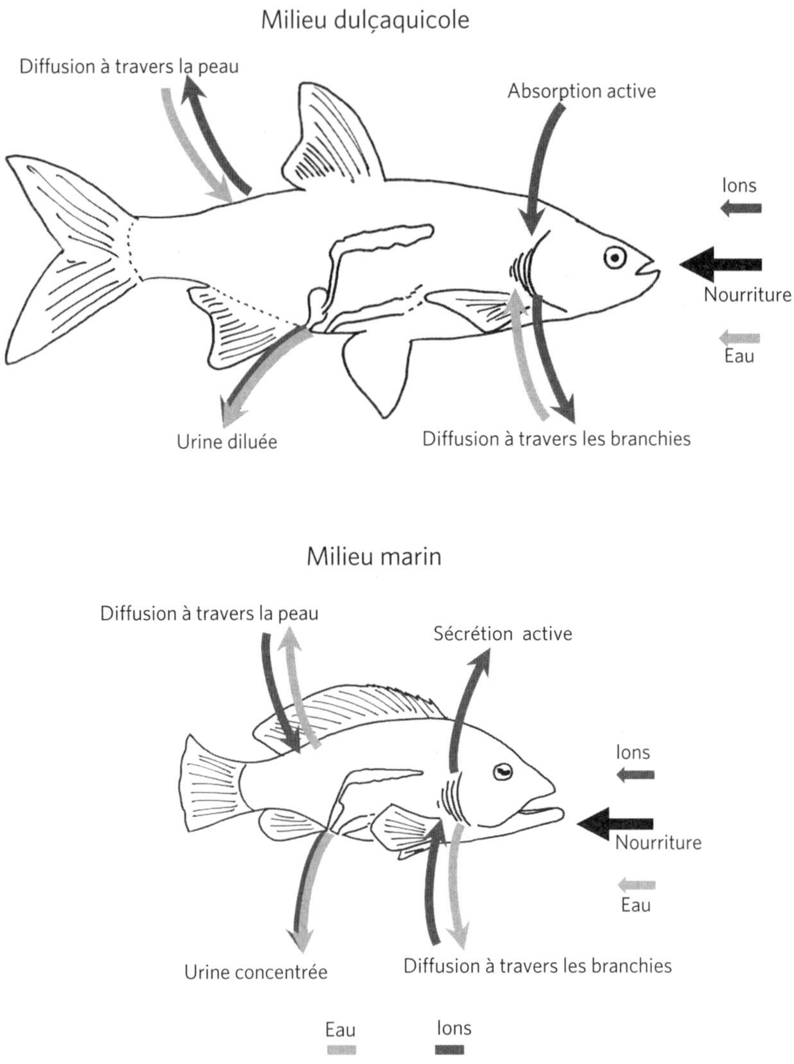

Figure 48. En milieu dulçaquicole (eau douce) et marin, les flux d'eau et d'ions se traduisent différemment par la diffusion au travers de la peau, l'absorption passive ou active au niveau des branchies et la production d'urine.

CHAPITRE 26

Retour en milieu aquatique : boire et éliminer du sel

Au cours de l'évolution, des vertébrés comme des reptiles (lézards, tortues, serpents et oiseaux) et beaucoup d'espèces de mammifères sont retournés vers des milieux marins ou des milieux dulçaquicoles. Ils font donc face au même problème que les poissons. Ainsi, les scientifiques ont longtemps pensé que le crocodile marin comme le serpent marin, dont le groupe comporte plus d'une centaine d'espèces parmi les plus venimeuses, buvaient l'eau de mer et éliminaient l'excès de sel par des glandes sublinguales. Actuellement, il semble plutôt admis que ces reptiles, même s'ils peuvent montrer une forte tolérance à la déshydratation, doivent boire de l'eau douce dès qu'ils en ont l'opportunité. Leur répartition sur la planète pourrait alors s'expliquer par la présence d'eau douce au sein de leur habitat[1]. Les pingouins, eux, absorbent très peu d'eau salée en mangeant – moins de 5 %[2]. À l'opposé, d'autres oiseaux marins comme différentes espèces de goélands et de mouettes boivent régulièrement de l'eau douce ou pauvre en sel, par exemple en se baignant (figure 49). Essentiellement carnivores, les oiseaux marins se nourrissent de proies comme des poissons téléostéens qui leur apportent suffisamment d'eau et également du sel. C'est le cas des manchots et des pingouins qui n'ont pas d'accès régulier à l'eau douce, sauf lorsqu'ils rejoignent la terre ferme en période de reproduction. En revanche, le crocodile marin élimine le trop-plein de sel ingéré *via* des glandes situées sur la langue.

Figure 49. Boire en se baignant. A) Tourne-pierre. B) Canard tadorne. C) Flamant rose.

CHAPITRE 27

Un organe remarquable : la glande à sel

Leurs reins ne permettant pas d'éliminer le surplus de sel amené par la nourriture, les oiseaux marins et les tortues marines, comme beaucoup d'élasmobranches (requins et raies), l'accumuleraient s'ils ne disposaient pas de glandes particulières appelées « glandes à sel ». En forme de lobes, elles comportent des cellules spécialisées capables d'extraire les ions sodium (Na^+) et chlore (Cl^-) du sang vers la lumière des tubules. Ces tubules se rassemblent au centre de la glande en un conduit excréteur parcouru d'eau de mer qui, finalement, coule le long du bec des oiseaux ou en larmes chez les tortues. Chez les oiseaux marins, ces glandes sont logées au-dessus des yeux dans des cavités anatomiquement prononcées (figure 50).

Les larmes de tortues marines

Issues d'un ancêtre commun au Crétacé il y a 110 millions d'années, les tortues marines semblent ne jamais boire. Chez elles, comme chez l'iguane marin des Galápagos – seul représentant des lézards vivant au bord de mer –, les glandes à sel sont situées dans le crâne (figure 50). Elles se caractérisent par un système à contre-courant qui assure l'extraction des ions du sang et les rejette par les voies nasales vers l'extérieur, de manière passive ou active.

Le cas de la tortue luth (*Dermochelys coriacea*) est particulièrement intéressant : pouvant atteindre 2 mètres d'envergure et peser plus de 900 kilos, cette espèce très menacée par l'homme est la plus imposante des huit espèces de tortues marines qui peuplent actuellement

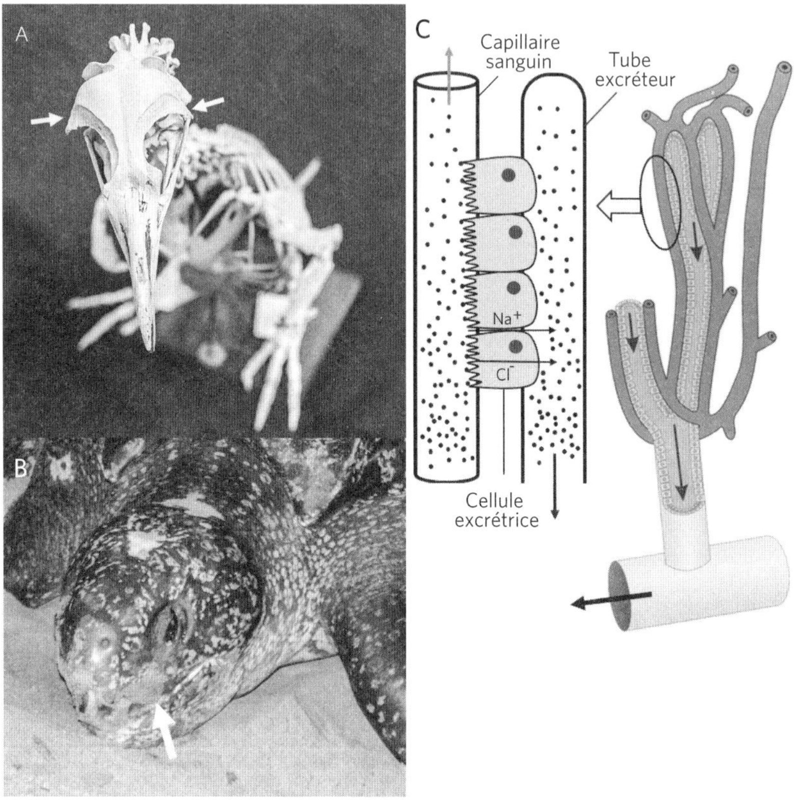

Figure 50. La glande à sel : un système unique permettant d'éliminer du corps les ions en excès. A) Chez les oiseaux, ces glandes s'ouvrent au niveau des narines et impriment leur marque dans le squelette même de la tête comme les flèches l'indiquent sur le crâne de pingouin. B) Chez les tortues marines, ces glandes se sont développées entre le squelette et la peau, et coulent comme des larmes visibles sur les femelles qui viennent pondre sur terre comme la tortue luth *Dermochelys coriacea* (flèche blanche). C) Ce sel est transféré du système sanguin vers le tubule de la glande par des cellules spécialisées excrétrices, puis éliminé vers l'extérieur comme l'indiquent les flèches.

les océans. Quand les femelles gagnent la plage et pondent – les mâles, eux, restent toujours en mer –, elles donnent l'impression de pleurer. Ces « larmes » sont en réalité des écoulements issus de leurs glandes à sel.

En revanche, boire est indispensable chez la tortue à diamant du genre *Malaclemys* qui vit sur la côte Est des États-Unis. Capable de survivre dans des eaux saumâtres et des habitats marins, elle a, comme les tortues marines, la possibilité d'excréter le sel par des glandes spécialisées. Toutefois, pour vivre indéfiniment dans de tels milieux, elle doit boire de l'eau douce ou très peu salée qu'elle est capable de détecter dès que la pluie forme un fin film sur le sol. En posant sa tête sur ce film, elle crée un ménisque qui correspond à une fine surface courbe d'eau venant entourer l'ouverture de la bouche. Exploiter l'eau amenée par ce ménisque lui permet de se réhydrater régulièrement. Elle a en outre la capacité de prendre des postures sans doute uniques chez les tortues impliquant peut-être des formes de vertèbres cervicales particulières qui restent encore à établir. Elle peut ainsi orienter sa gueule vers la pluie ou même recracher le trop-plein d'eau comme nous l'avons montré dans les années 1990[1].

CHAPITRE 28

Dauphin et baleine : boire en mangeant

Les cétacés boivent-ils ? La réponse reste encore discutée. Ces mammifères descendants d'un ancêtre terrestre commun qui, sans doute, buvait régulièrement il y a 50 millions d'années (Éocène) semblent ne pas boire volontairement. Pourtant, l'eau leur est nécessaire. Elle provient donc essentiellement, voire uniquement, de leur nourriture. En se nourrissant, les baleines absorbent de l'eau de mer qui représente à peine 1 à 2 % de l'eau nécessaire au fonctionnement de leur organisme. Certains travaux réalisés sur le dauphin commun *Delphinus* ont montré que l'eau de mer bue par ces animaux lorsqu'ils mangent représentait jusqu'à 16 % du flux d'eau corporelle. Chez les pinnipèdes, qui ont également évolué à partir d'un ancêtre terrestre il y a seulement 25 millions d'années (Oligocène), la diversité du comportement semble plus importante. Certaines espèces boivent volontairement de l'eau de mer alors que d'autres, comme les phoques qui vivent le long des côtes tempérées et arctiques de l'hémisphère Nord, ingèrent plus probablement une quantité non négligeable de cette eau uniquement en se nourrissant. Les pinnipèdes sont en outre capables de diminuer les pertes en eau dues à la respiration en la régulant par des apnées ventilatoires.

Boire est donc un comportement vital pour les vertébrés terrestres, à l'exception peut-être des amphibiens capables de récupérer l'eau de leur environnement au travers de la peau et à l'exception de certains animaux du désert qui utilisent essentiellement l'eau métabolique pour survivre[1]. Depuis l'émergence des ancêtres des tétrapodes au cours du Dévonien (415 à 360 millions d'années environ), l'accès à l'eau douce est essentiel. Aujourd'hui, cet accès devient d'ailleurs un problème de plus en plus crucial pour de très nombreuses populations animales et pour l'humanité. Depuis plus de cinquante ans[2], la notion du droit d'accès à l'eau potable a donc été développée. Cela démontre l'importance de ce bien pour notre survie en tant qu'animaux terrestres et l'importance du comportement boire.

CHAPITRE 29

Boire chez les tétrapodes : des mécanismes physiques diversifiés

Des reptiles aux mammifères, les tétrapodes qui ont conquis le milieu terrestre ont mis en place au cours de l'évolution des stratégies particulièrement efficaces pour boire. De la cinéradiographie qui permet de filmer les animaux en mouvement sous rayons X à l'échographie, différentes techniques permettent de comprendre les mécanismes utilisés et d'en rechercher les implications biomimétiques[1]. Selon une étude réalisée au MIT[2], la succion ou aspiration dite *inertielle* serait le mécanisme le plus usuel utilisé par les tétrapodes de grande taille, quelles que soient leur forme et leur écologie. En effet, beaucoup de vertébrés disposent d'une gueule en forme de tube qui peut être caractérisée par deux dimensions – sa longueur L et son diamètre D –, dont le rapport L/D est élevé. Respectivement proportionnelles à la longueur L de ce tube et son diamètre D, les forces opposées d'inertie et de viscosité de l'eau lors de son déplacement permettent de calculer le nombre de Reynolds (Re). Le rapport entre les forces (pressions) hydrostatiques[3] et capillaires[4] est utilisé quant à lui pour calculer une autre valeur : le nombre de Bond (Bo). Ce nombre est largement supérieur à 1 chez les vertébrés de grande taille. La capillarité est donc tout à fait négligeable par rapport à l'aspiration née de la variation de pression à l'intérieur de la gueule, pression induite notamment par les mouvements du plancher buccal et de la langue (figure 51).

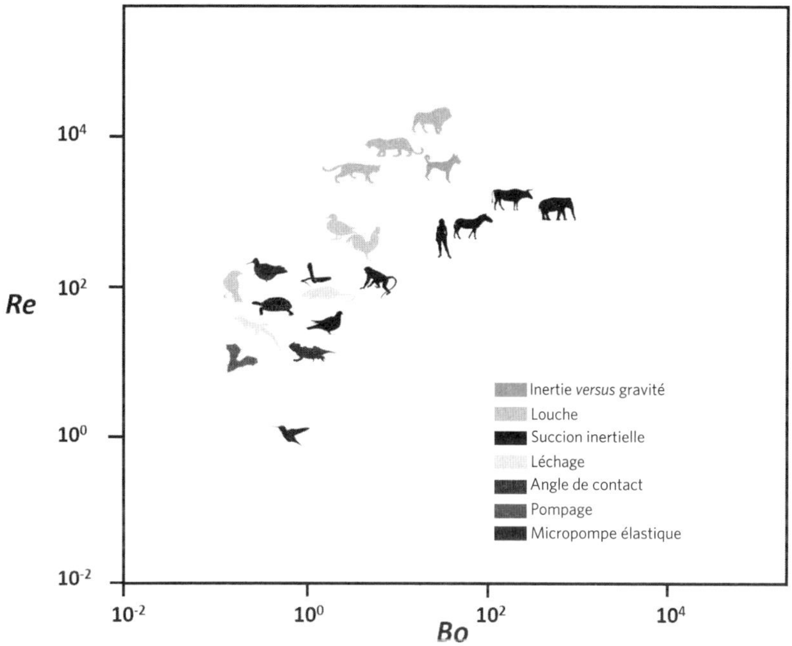

Figure 51. Exemples de mécanismes associant la forme de la langue et celle du crâne à des stratégies comportementales différentes mis en place au cours de l'évolution. Ces mécanismes peuvent être caractérisés par deux nombres – sans unité – facilement calculables pour toutes les espèces terrestres : le nombre de Reynolds et le nombre de Bond. Ces deux nombres permettent de placer les vertébrés dans un graphique et d'expliquer ainsi certaines caractéristiques physiques du boire utilisé par ces animaux.

CHAPITRE 30

L'éléphant : une capacité phénoménale d'absorption de l'eau

Un exemple significatif de ce mécanisme d'aspiration inertielle est celui de l'éléphant qui absorbe l'eau, non pas directement au niveau de sa gueule comme la girafe, mais par sa trompe (figure 52). Chaque jour, ce plus gros mammifère terrestre a besoin de 70 à 100 litres d'eau. Ne pouvant avoir régulièrement accès à ce précieux liquide, il est capable, quand il en trouve, d'en absorber 100 à 200 litres en une journée. Sans structure osseuse, la trompe se comporte en fait comme un hydrostat musculaire au même titre que la langue : elle dispose d'une possibilité d'extension importante et d'une flexibilité remarquable utilisée pour atteindre et manipuler des objets. Pour mémoire, elle se déploie de manière télescopique comme la langue du caméléon. L'extension nécessaire de la trompe pour atteindre l'eau (ou d'autres objets) résulte de tensions différentes de tronçons grâce aux propriétés de déformation de sa peau dont la région dorsale s'étire davantage que la région ventrale avec une différence de l'ordre de 5 centimètres pour une trompe d'environ 1,80 mètre. Une telle différence est associée aux propriétés de déformation de la peau. La surface de la peau dorsale génère une série de plis marqués qui se recouvrent les uns les autres, alors que la peau ventrale est parcourue par de simples rides. Ces deux surfaces présentent également une différence d'élasticité, calculée par les physiciens au moyen du module de Young. Elle correspond de fait à la différence d'élongation mesurée[1] .

Par exemple, un éléphant adulte qui pèse environ 4 000 kilos avec une trompe d'environ 90 centimètres terminée par des orifices nasaux

Figure 52. A) L'éléphant boit à l'aide de sa trompe (flèche). B) Il absorbe l'eau par aspiration dans sa trompe et l'amène à la bouche pour l'y projeter. C) La structure de sa peau est différente sur la partie dorsale qui montre des plis (P) et sur la partie ventrale qui est garnie de rides (R). D) Cette trompe (coupe transversale) est constituée de milliers de muscles orientés diversement autour des narines (N).

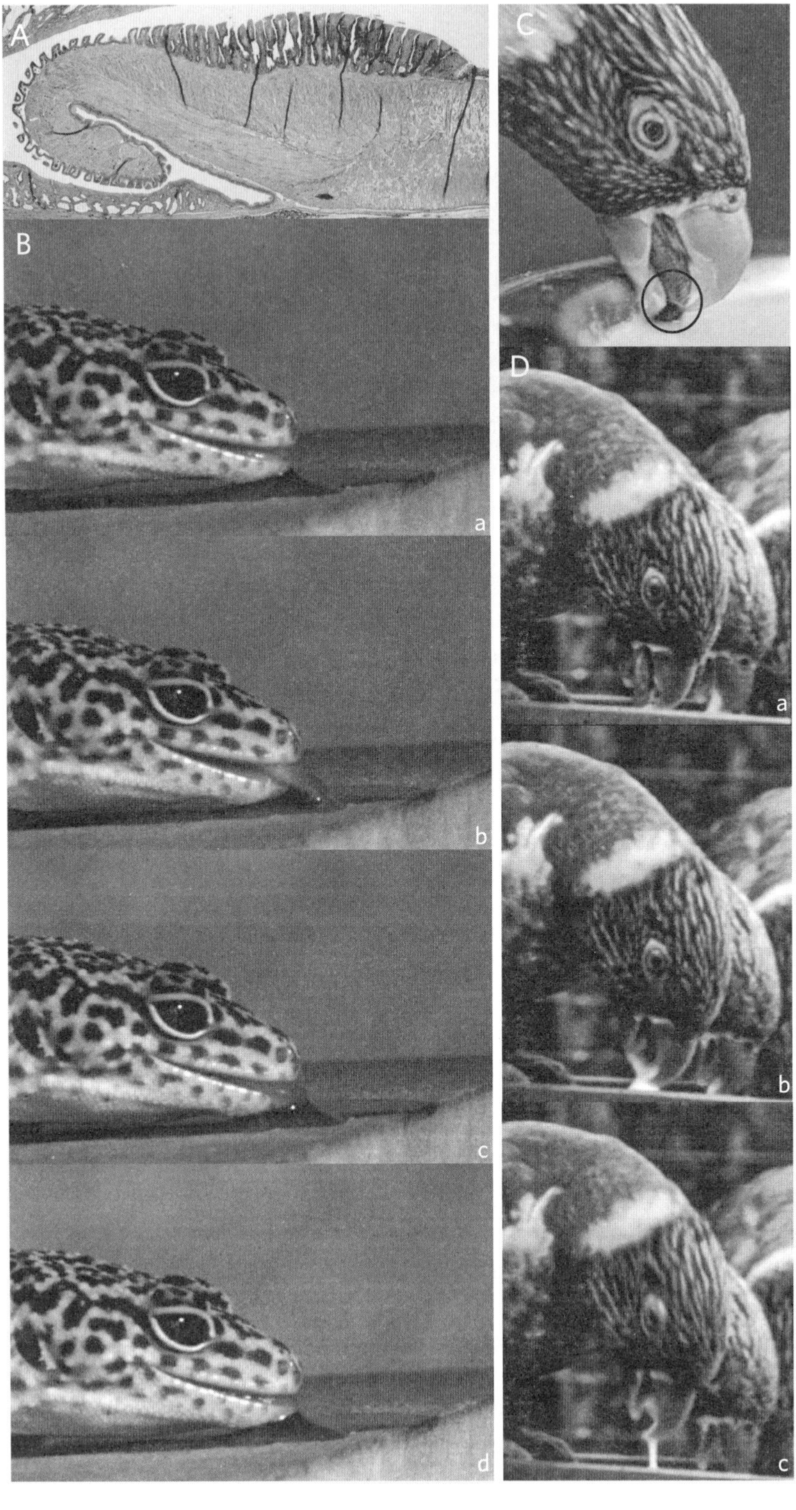
A
B
a
b
c
d
C
D
a
b
c

dont le rayon est estimé à 2,1 centimètres peut absorber 5,5 litres en 1,5 seconde. Il crée ainsi un flux de 3,5 litres d'eau par seconde à la vitesse de 2,7 mètres par seconde[2]. En dilatant les conduits nasaux de 30 %, l'éléphant augmente le volume de sa trompe de 40 à 60 % pour aspirer le liquide et l'accumuler[3]. La force d'aspiration nécessaire est donc directement liée aux caractéristiques de son système respiratoire qui lui donne la possibilité de générer de fortes variations de la pression pulmonaire par des flux d'air extrêmement rapides assimilables à la vitesse moyenne d'un TGV. Ces particularités anatomiques[4] permettent ainsi au plus gros mammifère terrestre actuel d'atteindre des flux d'air – et donc d'eau – de l'ordre de 150 mètres par seconde, soit 30 fois plus élevé que le flux le plus rapide produit par l'homme lorsqu'il tousse ou éternue (4,5 mètres par seconde).

Aspirer l'eau n'est pas un mécanisme universel. Parmi les mammifères, les félins et les chiens ne peuvent aspirer l'eau vu leur incapacité de fermer complètement la gueule. Dès que le nombre de Bond est proche de 1 ou lui est inférieur, ces animaux doivent alors utiliser un tout autre mécanisme dans lequel la langue joue un rôle majeur. C'est le cas des lézards (figure 53) : en contact avec le liquide, les papilles dorsales de leur langue le piègent, notamment par capillarité[5]. La langue joue aussi le rôle principal pour boire chez les oiseaux, qui sont, rappelons-le, également des reptiles[6]. Ainsi, chez le diamant mandarin, ce magnifique oiseau australien élevé depuis des générations, l'eau est accumulée dans le pharynx par des mouvements rythmiques de la langue effectués à une vitesse de l'ordre de 0,85 mètre par seconde au cours de la phase dite d'immersion. De tels

◀ **Figure 53.** A) Le lézard absorbe l'eau par capillarité entre les papilles de la région antérieure de sa langue. B) Il exécute de simples mouvements aller-retour (a-d) de sa langue pour y amener l'eau. C) Certains loriquets nectariformes du genre *Trichoglossus*, qui vivent en Australie, utilisent l'extrémité de la langue couverte de papilles spécialisées pour capter le nectar et le pollen des fleurs (région entourée en noir) et pour simplement tirer une colonne de nectar vers le bec supérieur et l'y déposer (D[a-c]). La langue ne piège pas le nectar comme celle du lézard. Ce mécanisme très particulier est semblable à celui du chat et du chien.

mouvements ne peuvent évidemment être observés à l'œil nu. L'eau est ainsi amenée de compartiments en compartiments buccaux vers le pharynx pour être finalement avalée à l'aide de la gravité au cours de la phase suivante appelée émersion[7]. Il en va de même chez l'autruche et le nandou. Ce dernier projette l'eau dans l'air grâce à un mouvement rapide de la tête, puis va chercher les masses de l'eau sur sa trajectoire balistique. D'autres oiseaux semblent laper comme un chat ou un chien en déposant l'eau dans leur bec à l'aide de la langue (figure 53).

CHAPITRE 31

Boire pour la girafe : un problème de… hauteur

Avec un long cou formé de sept vertèbres cervicales comme les autres mammifères, le plus haut vertébré terrestre doit boire 40 litres par jour (figure 54). La girafe ne peut donc se contenter de l'eau disponible dans sa nourriture puisée à la cime des arbres. Elle doit aussi boire sur le sol ! Or, lorsqu'elle se penche pour boire, la pression sanguine au niveau de sa tête, donc de son cerveau, passe d'environ 70 à 110 mmHg à 300 mmHg. Une telle pression est susceptible de mettre en danger les capillaires sanguins du cerveau qui pourraient… exploser.

Le système cardiovasculaire de la girafe, dont la hauteur peut atteindre 5 à 6 mètres (chez les mâles), s'est adapté pour permettre au sang d'arriver au cerveau. Son cœur pèse plus de 10 kilos. Son système artériel est caractérisé par différents éléments dont des valves qui contrôlent le flux sanguin. La girafe possède également un réseau de vaisseaux appelé *rete mirabilis*. Situé en avant du cerveau, ce réseau de vaisseaux qui peut en contenir 5 litres permet de réguler le flux sanguin à la vitesse de 3 mètres par seconde[1]. Elle doit donc faire monter la colonne d'eau d'une hauteur d'environ 2 mètres à travers une quinzaine de cycles de pompage dont chacun dure en moyenne 1,5 seconde. À chaque prise, la girafe absorbe environ 300 cm^3 qu'elle doit transporter vers l'estomac à travers l'œsophage dans lequel elle reste. Il en est de même chez d'autres espèces – les crocodiliens, par exemple – car ce type de mécanisme intervient dans de nombreuses fonctions régulatrices du flux sanguin.

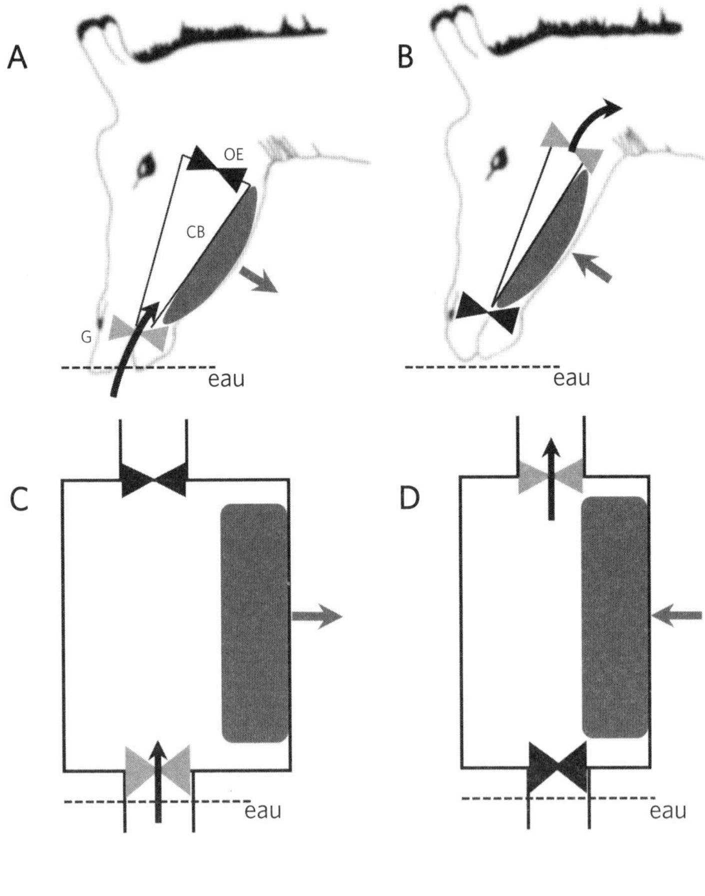
A
OE
CB
G
eau
B
eau
C
eau
D
eau

◀ **Figure 54.** Comment boit la girafe ? A-B) Mouvements oropharyngiens. C-D) Modèle physique. A et B) La langue (gris) provoque la dépression créée dans la cavité buccale (CB) permettant à l'eau d'être aspirée et de passer par l'ouverture de la gueule (G) alors que l'œsophage (OE) est fermé. B et D) La gueule se ferme, et l'œsophage s'ouvre alors que la langue augmente la pression sur le volume d'eau présent dans la cavité. C et D) La langue fonctionne comme un piston. Les flèches grises montrent le mouvement de la langue. Les pointes de flèches grises indiquent que les ouvertures sont libres, et les noires, qu'elles sont fermées.

CHAPITRE 32

Le bébé : comment téter efficacement ?

Dès sa naissance, pour assurer sa survie, tout nouveau-né mammifère doit boire le lait maternel. Il en est de même pour les bébés humains (figure 55). De très nombreuses publications recommandent d'ailleurs qu'ils se nourrissent au sein maternel. Comment le bébé peut-il, de manière optimale, boire au sein ou au biberon ? Cette activité repose sur des mécanismes particuliers qui, par la suite, influenceront le développement et le fonctionnement de la musculature oro-faciale qui, au cours de la croissance, interviendra notamment dans la mastication et la production de sons.

L'extraction du lait du sein maternel ou du biberon a été récemment expliquée en deux phases mises en évidence par le biais de techniques non invasives tel l'enregistrement par ultrason utilisé classiquement dans l'examen échographique du cœur. Dans une première phase, le bébé colle fermement ses lèvres autour du téton et partiellement à l'aréole du sein maternel. Ce dernier s'allonge. Les conduits lactifères qui aboutissent à son extrémité pénètrent alors dans la bouche du bébé. Le verrouillage ainsi effectué constitue un conduit étanche qui entraîne une diminution de la pression buccale. Les chercheurs ont démontré que la longueur du téton pouvait doubler lors de cette phase. Un tel allongement ne peut se faire sans le collement des lèvres sur le sein ou sur la tétine du biberon et sans la diminution de la pression intrabuccale jusqu'à une pression subathmosphérique d'environ – 20 mmHg, c'est-à-dire une pression inférieure à la pression atmosphérique qui est de 760 mmHg au niveau de la mer. Une telle pression doit être maintenue tout au long de l'extraction du lait (figure 56).

Figure 55. Louve capitoline. Boire le lait chez les mammifères, homme y compris, relève de la survie et même du mythe de la création de civilisation. L'exemple le plus connu est celui de la louve nourrissant les jumeaux Romulus et Remus dans le mythe de la fondation de la Rome antique.

Dans une seconde phase, le bébé commence à extraire le lait par des mouvements de bas en haut de la mandibule. Ceux-ci compriment le téton et les conduits galactophores contre le palais osseux. Le téton s'allonge dans la bouche du bébé lorsque la langue s'élève ou s'abaisse et y expulse le lait. Il est alors « aspiré » régulièrement par la diminution cyclique de la pression intrabuccale de type subatmosphérique, de l'ordre de – 20 à – 40 mmHg qui apparaît à chaque mouvement rythmique de la langue. Ces mouvements complexes sont liés aux déplacements de la mâchoire inférieure sur laquelle la langue s'insère. Sa région antérieure se comporte comme une seule masse rigide qui se déplace perpendiculairement au palais osseux avec une fréquence de 1,7 à 1,9 hertz. Le téton n'est donc pas « mâchouillé » par le bébé. La région postérieure de la langue est, quant à elle, parcourue par des mouvements ondulatoires, semblables à des mouvements péristaltiques. Ils facilitent la déglutition du lait et assurent la coordination entre cette dernière et la respiration. Ce mécanisme ne change pas quel que soit l'âge de l'enfant qui tète. La quantité de lait absorbée à chaque cycle lingual varie de 0,003 à 5 millilitres. Ce constat résulte de l'application d'un modèle physique simple permettant de simuler chaque paramètre, notamment la force d'aspiration du bébé, l'élasticité du sein, la forme du réseau des conduits lactifères.

Extraire le lait maternel, l'avaler et respirer sont des actions motrices coordonnées dans le temps par le système nerveux central. Le bébé peut ainsi se nourrir et respirer sans interruption[1]. Le rapport entre les cycles de succion et de respiration est de l'ordre de 1/1 à 2/1. Lors du sevrage, comme tous les jeunes mammifères, l'enfant doit passer d'une nourriture liquide à une nourriture solide. Mais c'est là une tout autre histoire…

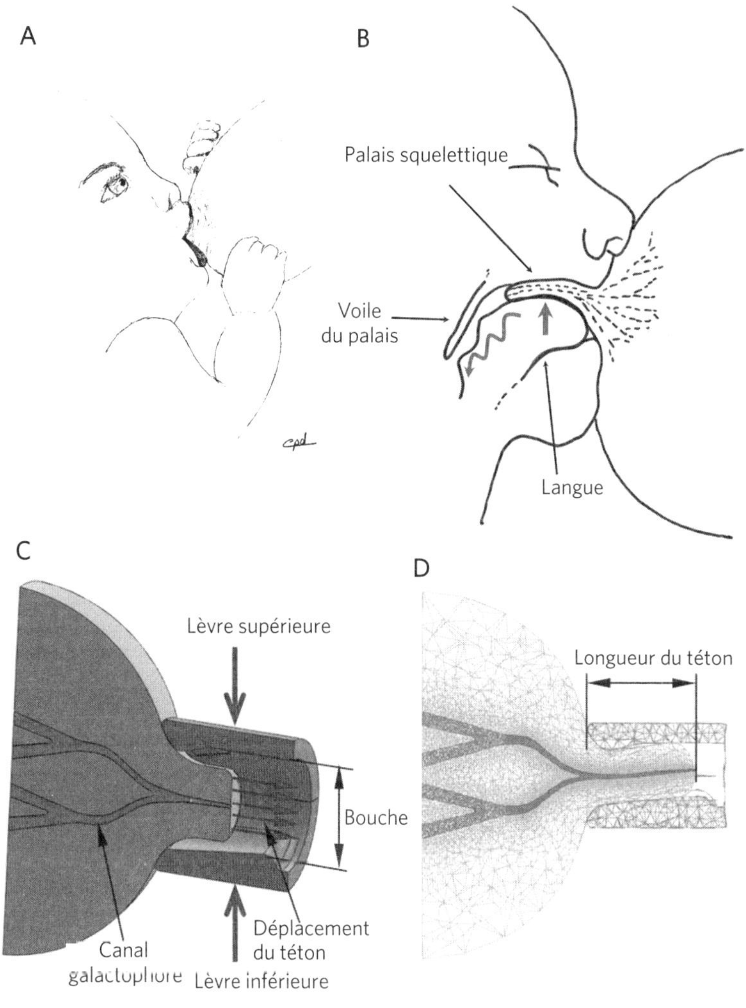

Figure 56. Le bébé boit en appliquant fermement ses lèvres sur l'aréole du sein (A). Il semble que l'action de la langue se divise en deux parties. La région antérieure rigidifiée agit sur le téton par son mouvement vers l'avant en s'élevant à chacun de ses cycles (B flèche droite), et la région postérieure exerce un mouvement péristaltique facilitant la déglutition (B). Dès que les lèvres sont scellées autour du téton, ces mouvements linguaux (C) qui produisent l'allongement du téton (D) peuvent commencer, et le lait est extrait, à chaque cycle, vers la bouche du bébé.

CHAPITRE 33

Le chien et le chat : l'un éclabousse, l'autre pas

Tout propriétaire a déjà remarqué la différence de comportement entre le chat qui boit délicatement sans faire de bruit et le chien qui, quelle que soit sa race (figure 57), boit avec des grands *splash* et gaspille l'eau qu'il reçoit. D'où vient une telle différence ?

Le chat et le chien sont incapables de fermer la gueule de manière étanche. Ils ne peuvent donc utiliser la succion adoptée par les herbivores comme la girafe[1]. C'est seulement au début des années 2000 qu'en filmant à très grande vitesse (plus de 1 000 images par seconde) des chercheurs du MIT ont pu établir le mécanisme très simple utilisé par ces animaux. Ils l'ont modélisé à l'aide d'un système de pistons en verre. Ceux-ci assurent le contact avec l'eau comme le fait l'extrémité de la langue du chat qui, à chaque mouvement, se courbe pour toucher finement la surface du liquide. En se rétractant avec une vitesse qui peut atteindre 80 centimètres par seconde, elle tire une colonne d'eau. Celle-ci est en fait le résultat d'un équilibre entre deux forces opposées – la gravité et l'inertie – qui conduit à un mouvement rectiligne uniforme du liquide tracté par la langue. Encore un peu de physique ? L'importance relative de ces deux forces antagonistes s'exprime par un nombre sans dimension appelé nombre de Froude (Fr). Il exprime la relation entre la vitesse du liquide tracté, la longueur du système qui tracte (la langue) et la gravité g. Finalement, la gravité l'emporte, et la colonne d'eau finit par se rompre. Parce que le chat a fermé sa gueule avant ce point de rupture, le liquide entré dans la bouche y est définitivement piégé. Grâce à un tel mécanisme, le chat est capable d'ingérer environ 0,15 millilitre à chaque mouvement de la langue effectué, lors d'un épisode de prise de boisson, avec une fréquence moyenne estimée à 3,5 hertz. Cette technique observée chez le chat domestique est généralisable à tous les félins.

À l'inverse du chat, le chien gaspille l'eau qu'il boit. Il utilise pourtant un mécanisme relativement semblable, à savoir la constitution d'une colonne d'eau dont la forme évolue au cours du temps en fonction des forces contraires de l'inertie et de la gravité[2]. Seulement, le chien ne dépose pas délicatement sa langue sur la surface l'eau. Au contraire, à la manière d'une cuillère, elle pénètre complètement dans le liquide comme l'ont montré des études combinées en cinéradiographie et cinématographie à grande vitesse (1 000 images par seconde). Que le chien pèse 9 ou 30 kilos, il retire la langue du liquide beaucoup plus vite que le chat. Son accélération chez les petits chiens comme le bichon est de l'ordre de 2 g. Chez les grands chiens comme le berger allemand, elle est de l'ordre de 4 g. Celle du chat, elle, atteint 1 g. Le chien ferme la gueule juste au moment où la colonne d'eau se rompt. Il augmente ainsi la quantité de liquide qu'il peut avaler à chaque laper. L'eau en surplus piégée dans la « cuillère » formée par la langue retombe. En outre, malgré la cohésion entre les molécules du liquide, la quantité d'eau extraite du liquide par la surface de la langue étalée ne peut complètement « entrer » dans la colonne d'eau tractée par celle-ci.

Ainsi, deux carnivores dont la gueule est relativement semblable utilisent un régime physique de type « inertiel » différent dit stable chez le chat et instable chez le chien. L'eau perdue explique en particulier ces grands *splash* audibles quand le chien boit. La vitesse de rétraction de la langue et son contact avec le liquide à chaque laper si différent de celui du chat mettent en évidence une différence majeure de comportement chez ces deux carnivores : le chien gaspille ; le chat non…

Même si certains primates le font, les humains ne lapent pas pour boire…

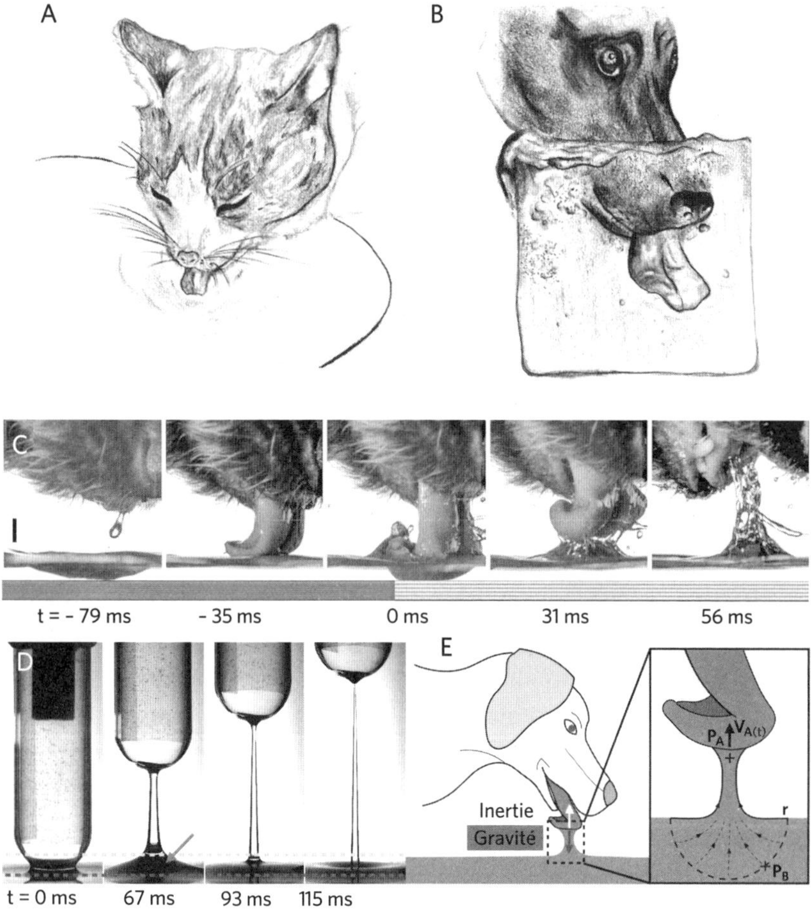

Figure 57. Le chat (A) et le chien (B) boivent de manière semblable, mais la morphologie de leur langue et son mouvement ne sont pas semblables. Ils tirent une colonne d'eau qui est coupée par les mâchoires lorsque la langue est rétractée dans la gueule (C). D) Un modèle physique constitué d'un piston de verre a été utilisé pour démontrer que le mouvement et la forme de la colonne d'eau tirée par la langue chez ces carnivores étaient le résultat de deux forces antagonistes, la gravité et l'inertie due au mouvement de la langue (E). Le mouvement de l'eau peut être calculé théoriquement en suivant le déplacement d'un point appelé P_B identifié à la surface de l'eau attirée par la langue. Ce point peut être défini sur un demi-cercle formé par l'eau attirée par la langue. À un moment donné, ce point se retrouve juste sous la surface de la langue et est alors appelé P_A. En passant de P_B à P_A, le point représentant le mouvement de l'eau tirée par l'animal se déplace avec une vitesse déterminée à un temps donné $V_{A(t)}$ qui permet ainsi de comparer la vitesse de déplacement de l'eau dû à la langue chez différentes races de chat et de chien.

Encore un peu de physique élémentaire pour montrer qu'une même théorie simple explique des phénomènes biologiques qui semblent très différents. Boire pour le chat et le chien en tirant une colonne d'eau avec la langue et courir sur l'eau pour fuir les prédateurs comme peut le faire le lézard balistique des forêts tropicales d'Amérique du Sud et centrale, d'où son nom courant de lézard Jésus-Christ,[3] sont des phénomènes biologiques à l'interface entre l'air et l'eau[4]. Ils ont nombre de points communs démontrés par la théorie physique. Pour boire, le chat crée une colonne d'eau tirée vers la gueule ; pour courir, le lézard crée une cavité d'air dès que son pied entre en contact avec la surface de l'eau[5]. En s'appuyant sur l'eau ainsi déformée, le lézard peut se propulser[6]. Plus le chat rétracte sa langue vers sa gueule, plus la colonne d'eau s'élève. Plus le lézard enfonce son pied dans l'eau, plus la cavité d'air grandit. Dans les deux cas, le jeu des deux forces opposées, inertie et gravité, entre en compétition pour expliquer la dynamique du liquide. Chez le chat, celle-ci amène l'eau dans la gueule ; chez le lézard, elle lui donne la force nécessaire pour ne pas s'enfoncer dans l'eau et se propulser vers l'avant. En effet, au fur et à mesure de la déformation de la surface de l'eau, la pression hydrostatique augmente, et la colonne d'eau finit par se rompre pour le chat (et le chien), et la cavité d'air dans l'eau, par se fermer pour le lézard. Une telle identification physique de phénomènes biologiques très différents montre l'intérêt de comprendre les mécanismes sous-jacents à l'adaptation des organismes à leur milieu. Elle permet aussi d'imaginer des applications bio inspirées, par exemple pour les robots comme l'a notamment démontré Emmanuelle Pouydebat du CNRS, dans son livre sur la bio-inspiration paru chez Odile Jacob[7].

CHAPITRE 34

Oiseaux et chauves-souris : la recherche du nectar

Boire le nectar caché au fond de la corolle des fleurs pose un tout autre problème. Sous forme de pétales et de bractées[1] colorés ou encore à travers différents arômes, ce nectar a été mis en place au cours de l'évolution des angiospermes, ou plantes à fleurs, pour attirer les pollinisateurs pour lesquels il peut constituer une source de nourriture complémentaire ou unique. Ces animaux ont donc développé des mécanismes étonnants pour arriver à extraire ce liquide. Leur système hyolingual, la langue en particulier, y joue un rôle majeur. Il convient toutefois de ne pas oublier que la forme de la plante dans l'interaction plante-animal a un effet sur la forme du bec, notamment chez les oiseaux qui sont les seuls vertébrés capables de se maintenir en vol stationnaire face à la fleur, tout en adoptant une posture permettant l'extraction du nectar grâce à une langue extrêmement spécialisée. À titre d'exemple, la fréquence des battements des ailes en vol stationnaire du colibri qui pèse en moyenne moins de 2,5 grammes peut dépasser 50 hertz, alors que celle mesurée chez d'autres espèces dont la fréquence est déjà élevée – les papillons et les chauves-souris, par exemple – est de l'ordre de seulement 13 hertz.

Extraction du nectar : une aide mutualisée

Exploiter le nectar est un exemple majeur d'interaction écologique mutualiste entre différents organismes, à savoir les plantes angiospermes produisant des fleurs et les organismes vertébrés ou non qui jouent un rôle majeur dans leur système de reproduction. Tous les vertébrés nectarivores observables sur notre planète possèdent en effet un système trophique (crâne et bec, et langue), modifié à des degrés divers, en lien avec leur régime alimentaire très particulier. Depuis des dizaines d'années, de nombreuses études ont été réalisées sur certains de ces oiseaux, les colibris en particulier, pour mettre en évidence non seulement le mécanisme d'extraction du nectar, mais aussi les implications physiologiques et énergétiques liées à ce mode d'exploitation d'une ressource alimentaire très particulière[2]. Certaines espèces exploitent le pollen et le nectar des fleurs. C'est le cas des loriquets et d'autres espèces telles que les souimangas qui vivent dans les zones tropicales et subtropicales d'Asie, d'Afrique et d'Australie. Nous connaissons tous ces magnifiques oiseaux que sont les colibris : quand ils volent face aux fleurs et y insèrent la langue pour récolter le nectar, le pollen se dépose sur leurs plumes selon la morphologie de leur tête et la forme des fleurs visitées. Ils jouent ainsi un rôle écologique semblable à celui d'un grand nombre d'autres espèces également spécialisées pour exploiter le nectar des fleurs (figure 58)[3]. Ces oiseaux possèdent généralement un bec long courbe. En se perchant dans différentes postures, ils peuvent les percer pour en extraire le nectar. Une étude associant la forme du bec des colibris et celle des fleurs visitées a été réalisée par une équipe d'Afrique du Sud et de Nouvelle-Zélande. Elle a démontré que les oiseaux qui ont un bec courbe se nourrissent de manière plus efficace sur des fleurs elles-mêmes recourbées vers le support choisi par l'animal[4] qui pénètre dans le nectar à raison de cycles très rapides exécutés avec une fréquence de l'ordre de 15 hertz.

L'interaction entre les oiseaux nectariformes – les colibris, par exemple – et les caractéristiques des fleurs – en particulier leurs formes – a souvent constitué un exemple phare de la coévolution telle que Darwin l'a démontrée pour les pinsons des Galápagos. Cette interdépendance entre les plantes à fleurs et ces oiseaux qui, actuellement, vivent dans les seules régions néarctiques (Amérique du Nord) et néotropicales (Amérique du Sud et caraïbes) a été clairement identifiée pour plus de 7 000 espèces végétales. Néanmoins, plusieurs

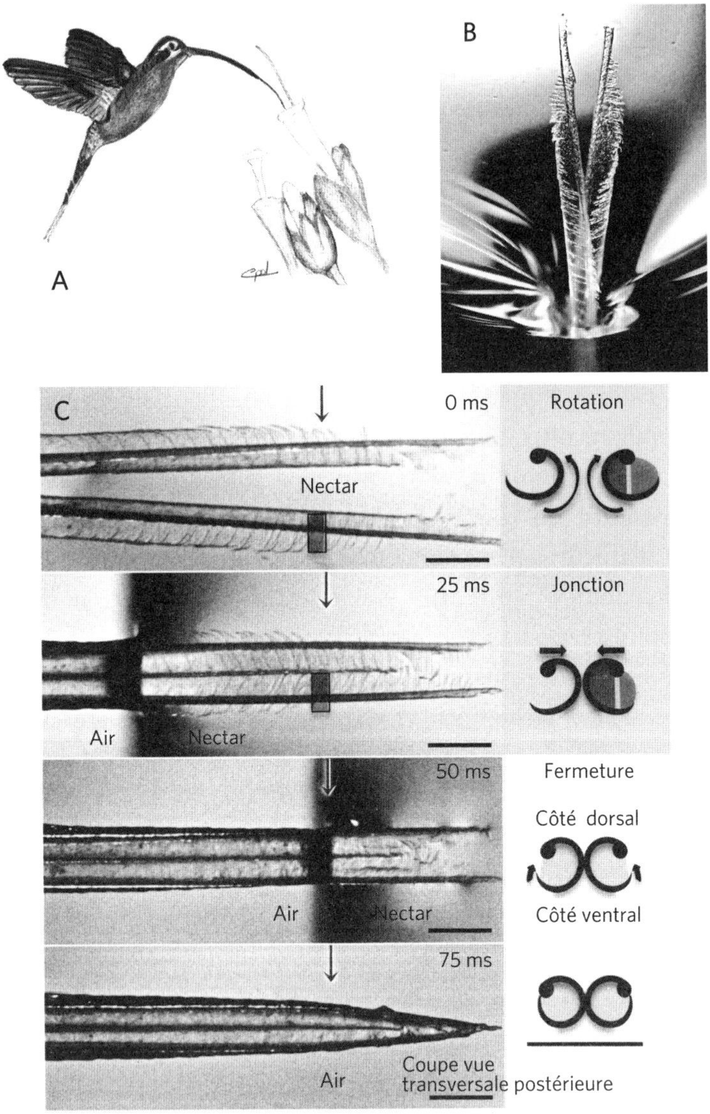
A
B
C
0 ms
Rotation
Nectar
25 ms
Jonction
Air
Nectar
50 ms
Fermeture
Côté dorsal
Air
Nectar
Côté ventral
75 ms
Air
Coupe vue transversale postérieure

auteurs soulignent qu'il n'est pas toujours possible de mettre en évidence une telle coévolution par rapport à une adaptation unilatérale d'un des protagonistes de l'interaction plante-pollinisateur. Dès lors, les études ont surtout porté sur la mise en relation des caractéristiques du bec, sa courbure – en particulier, sa taille –, non seulement entre différentes espèces de plantes et de colibris, mais également entre mâles et femelles au sein d'une même espèce.

Ainsi, chez les colibris madères, *Eulampis jugularis*, endémiques aux Petites Antilles, les mâles qui possèdent un bec plus court et plus droit exploitent les inflorescences d'une espèce d'*Heliconia* courtes et droites, alors que les femelles dotées d'un bec plus long et incurvé visitent principalement les inflorescences courbées d'une autre espèce du même genre *Heliconia*. Cependant, mâles et femelles utilisent les fleurs des bananiers et, bien entendu, les abreuvoirs artificiels. En outre, comme les colibris vivent souvent en communauté, plusieurs espèces peuvent alors exploiter les mêmes fleurs. La spécialisation entre les espèces semble donc être un résultat de facteurs aussi différents que l'organisation des communautés locales de pollinisateurs – oiseaux et insectes notamment –, la disponibilité en nectar et le nombre de colibris présents, sans oublier les interactions entre ces différents pollinisateurs. Actuellement, la perte et la fragmentation des habitats, l'introduction de plantes non indigènes et le changement climatique sont autant de facteurs qui modifient les interactions entre les plantes et les colibris.

◄ **Figure 58.** A) Les colibris disposent d'une langue spécialisée constituée de deux tubes rainurés dont les tiges tournent dorso-ventralement à son extrémité. Cette langue peut être propulsée de manière cyclique (B) pour pénétrer dans le nectar dans lequel les deux tubes qui la forment se séparent (B-C), et les lamelles séparées les unes des autres (C) se chargent en nectar comme des micropompes en changeant de forme. Le nectar est ainsi piégé entre les lamelles dont le diamètre augmente. Les lamelles des deux tubes se rejoignent alors en tournant ventro-dorsalement lors de sa rétraction dans le bec.

Le succès de la pollinisation

Quoi qu'il en soit, ces vertébrés extraordinaires, des oiseaux aux mammifères tels que les chauves-souris, ont joué et continuent à jouer un rôle majeur de pollinisateur dans le succès de ces plantes à fleurs. Jouer un tel rôle repose sur le comportement du boire de ces oiseaux. Le mécanisme utilisé par les colibris pour extraire le nectar, avec un mouvement de langue à la vitesse pouvant atteindre 17 hertz, a été élucidé par des chercheurs de l'université du Connecticut (États-Unis) au milieu des années 2000[5]. En intégrant l'observation morphologique, l'expérimentation et l'application de modèles biophysiques, ils ont démontré que la capillarité ne pouvait expliquer la prise de nectar par la langue chez les colibris, quelles que soient la quantité de nectar disponible et la longueur des corolles des fleurs visitées. De plus, la fréquence des mouvements de la langue empêche la capillarité de fonctionner. Certains oiseaux percent la fleur à sa base pour boire le nectar. Leur longue langue est unique, notamment dans sa partie distale bifide, constituée de deux tubes rainurés parallèles, ouverts sur le côté sur le tiers, voire la moitié de sa longueur. Sa base reste attachée à l'appareil hyoïdien, et la rainure court de l'arrière vers la pointe en s'élargissant. Chacune des deux rainures membraneuses de forme cylindrique et déformable est bordée par des lamelles mobiles portées par une baguette dorsale relativement rigide qui devient ventrale à l'extrémité de la langue. Une telle disposition permet à l'extrémité de la langue de se retourner lorsque, chargée de nectar, elle rentre dans le bec. La présence de cette rainure, connue depuis le XIXe siècle, a conduit à suggérer que le nectar pouvait couler le long de ces fins tubes par capillarité pour atteindre le pharynx et, donc, l'œsophage. Cette hypothèse est maintenant abandonnée. La langue n'accumule pas de manière passive le nectar, mais elle se charge de nectar au niveau des lamelles lorsqu'elle quitte le fluide. L'acquisition du nectar par la langue dépend d'une part de la force liée à la tension de surface et de celle appelée pression de Laplace[6]. Les caractéristiques tissulaires et de la configuration spatiale de la partie de la langue couverte par les lamelles, dont le déplacement ne nécessite aucune force musculaire, qui pénètre dans le nectar jouent un rôle majeur dans le succès de ce comportement alimentaire (figure 58). Les chercheurs ont ainsi mis en évidence l'association de deux phénomènes physiques dynamiques liés à un « piégeage du liquide » et à la « déformation élastique » des lamelles qui jouent un rôle de micropompe[7].

À la sortie de la langue du bec, les deux fins tubes rainurés aplatis restent en contact. Leurs lamelles adhèrent complètement les unes aux autres, à la suite des forces de cohésion et d'adhésion liées à la présence résiduelle, dans les rainures, de liquide du cycle précédent et à la pression de Laplace. Lorsque la langue sort du bec, les deux tubes rainurés aplatis et joints emmagasineraient de l'énergie qui est libérée dès qu'elle entre dans le nectar. Les deux tubes rainurés se décollent alors l'un de l'autre Ce mouvement lingual n'est contrôlé par aucun muscle. Dues aux propriétés de déformation de la kératine qui les constitue, les lamelles se séparent en se déformant sans aucune action musculaire. Les deux rainures jouent séparément le rôle de micropompes élastiques au sein du nectar. En entrant dans le fluide, les lamelles se déroulent, ce qui permet de les ouvrir et au fluide de s'accumuler à l'intérieur de ces lamelles. Le diamètre de chaque lamelle augmentant, le fluide peut en effet y être piégé. Lorsque la langue se retire du nectar et que les lamelles arrivent à l'interface entre le nectar et l'air, elles s'enroulent de nouveau en piégeant complètement le nectar. La tension superficielle et la pression de Laplace constituent sans doute les deux mécanismes physiques qui provoquent la fermeture des lamelles et donc le piégeage du nectar. La langue se rétracte dans le bec en joignant et en tournant ventro-dorsalement les deux tubes rainurés qui servent de support à ce mouvement d'enroulement des lamelles. Ce mouvement empêche le nectar de couler lorsque la langue passe dans l'air vers l'intérieur du bec. En étudiant la morphologie de la langue, ces mêmes chercheurs ont mis en évidence des structures de kératine en forme de brosse sur la surface interne des becs supérieur et inférieur. Non visibles à l'extérieur, elles ont pourtant une réelle capacité à essorer la langue qui, chez ces oiseaux comme chez tous les vertébrés, réalise des mouvements rythmiques de l'arrière vers l'avant. Chargée de nectar, elle rentre dans le bec. Repartant immédiatement pour le cycle suivant, elle passe alors contre ces structures qui séparent ses extrémités pour les essorer, déplaçant ainsi le nectar dans les cavités du bec, notamment celle du bec inférieur. Les extrémités linguales se rejoignent au bout très étroit du bec et y accumulent leur énergie avant d'en sortir selon le schéma précédemment expliqué : essoré de la langue le long du bec et non en un point déterminé, le nectar ne peut s'accumuler de manière locale. Son déplacement vers le pharynx en est facilité. Ce processus essentiel explique le succès évolutif de ces oiseaux. La pression hydraulique du nectar qui remplit alors la cavité du bec, en particulier celle du bec inférieur, facilite le déplacement du nectar vers le pharynx, aidé par le mouvement même de la langue. Cette dernière joue le rôle d'un piston intrabuccal pour déplacer le liquide vers le pharynx à chacun de ses retours. Se spécialiser vers une ressource alimentaire très particulière comme le nectar demande une dépense énergétique considérable (le vol stationnaire, par exemple). Conditionnée par l'efficacité des mécanismes de pompage et de délivrance du liquide. Il reste néanmoins beaucoup d'éléments à découvrir pour comprendre la diversité de ces oiseaux qui sont de plus en plus impactés par les activités humaines. Les changements climatiques et les comportements humains peuvent en effet modifier à terme les populations de pollinisateurs auxquelles appartiennent les colibris et leurs plantes hôtes. Par ailleurs, à terme, ces perturbations peuvent avoir des effets majeurs sur la diversité et la survie de populations mal connues, comme c'est le cas de nombreuses régions d'Amérique du Sud telles que le Chili[8]. Toutefois, ces pollinisateurs essentiels, souvent spécifiques, peuvent, dans certaines régions, montrer une nette résilience face aux activités anthropogéniques[9].

CHAPITRE 35

Chauves-souris et pollinisation

Constituant sans nul doute le plus grand groupe de mammifères nectarivores, certaines espèces de chauves-souris jouent un rôle essentiel dans la pollinisation de centaines d'espèces de fleurs de la région néotropicale qu'elles occupent. Distribuées dans quatre familles de chauve-souris « frugivores » de l'Ancien Monde et au sein des chauves-souris dites « à nez en forme de feuille » du Nouveau Monde, celles-ci exploitent les fleurs dans différentes postures selon l'orientation, la taille et la disponibilité en nectar des inflorescences. La longueur de leur langue est proportionnelle à celle des mâchoires, à une exception près : la chauve-souris du genre *Anoura* qui vit dans les Andes et s'est spécialisée dans la recherche du nectar de fleurs dont la corolle mesure jusqu'à 8 ou 9 centimètres. Chez cette petite chauve-souris, la longueur de la langue peut atteindre 150 % de celle de son corps. Au repos, elle occupe un manchon de tissu qui dépasse le cou et pénètre dans la cavité thoracique le long de la trachée. À son extrémité viennent s'attacher les muscles rétracteurs. Chez les autres espèces nectariformes, un tel manchon n'existe pas. L'extrémité de la langue forme alors la base de la cavité buccale de la même manière que chez tous les mammifères.

Une mécanique des fluides particulière

Il a fallu attendre le début des années 2000 pour que soit élucidé le comportement nectarivore des chauves-souris quand différentes équipes se sont intéressées aux caractéristiques de leur langue. Il est apparu que des espèces appartenant à des taxons très éloignés se sont spécialisées, sans doute par convergence évolutive, vers l'exploitation du nectar, participant ainsi à la communauté des organismes pollinisateurs. Ainsi, des chauves-souris de la famille des glossophonidés, qui sont nectarivores strictes, constituent des espèces spécialisées au sein des chauves-souris dites *à nez en forme de feuille*[1] (figure 59). L'extrémité de leur langue est recouverte de papilles formant une sorte de couverture « poilue ». Ces animaux boivent le nectar par des mouvements linguaux rapides qui durent en moyenne 120 millisecondes et sont exécutés à raison de 8 cycles par seconde. L'étude combinée de la surface de la langue et de la cinématographie à grande vitesse a permis de comprendre un mécanisme de capture du nectar appelé *trempage visqueux* (*viscous dipping*), complètement différent de celui des colibris. Quand elle pénètre le nectar, en application des lois de l'hydrostatique, la langue couverte de ces papilles plumeuses se déforme et devient tumescente. Au cours de son allongement, les veines et les artères linguales se compriment. Le sang provenant de l'artère centrale et des deux veines linguales profondes est alors déplacé dans les nombreux sinus vasculaires entourés de muscles situés dans l'extrémité de la langue (figure 59). Il provoque un engorgement des veinules situées sous les papilles et déclenche leur érection. La tension superficielle autour des papilles diminue. Lorsque la langue se rétracte, sa partie proximale rétrécit alors que son extrémité reste tendue. Le nectar capté entre les papilles peut ainsi entrer dans la cavité buccale. La tumescence de l'extrémité de la langue et l'érection des papilles constituent un phénomène très rapide qui ne dure que 4 millisecondes à chaque cycle. Par analogie avec le comportement complexe du sang dans les vaisseaux, ce phénomène a été appelé hémodynamique. De manière simplifiée, il résulte des lois de la mécanique des fluides, tout en étant tributaire des caractéristiques propres au fluide qu'est le nectar. Au cycle suivant, le frottement des papilles sur la lèvre supérieure et le palais les remettent sans doute en place pour pouvoir, à nouveau, pénétrer dans le nectar.

Une question reste pourtant ouverte : comment le mouvement extrêmement rapide des papilles peut-il être contrôlé ? Les chercheurs estiment que l'élongation hydraulique de la langue qui provoque des changements de pression importants dans le système sanguin peut expliquer la rapidité du mécanisme. Ils ont également mis en évidence des zones de stockage du sang au niveau des systèmes artériels et veineux de la langue qui permettraient de conserver, dans la langue, une quantité suffisante de sang. Celui-ci pourrait ainsi se déplacer de l'arrière vers l'avant et *vice versa* lors de chaque cycle permettant d'acquérir le nectar.

Absorber le nectar par capillarité

Des chercheurs ont montré que d'autres espèces de chauves-souris appartenant à la famille des *Lonchophyllinae* – les chauves-souris du Nouveau Monde – utilisent un tout autre mécanisme pour se nourrir : la capillarité[2]. Au cours de leur visite, ces animaux maintiennent la langue dans la corolle des fleurs. Ils n'effectuent donc pas de mouvements d'aller-retour de la langue. Le nectar semble se déplacer de manière active le long de deux canaux ouverts creusés de part et d'autre de la langue. Ces différents mécanismes utilisés par des chiroptères, dont le rôle de pollinisateurs est très important, pourraient être corrélés aux propriétés du nectar (sa teneur en sucre et sa viscosité, par exemple) et à la mise à disposition par des fleurs. Ainsi serait mis en évidence un autre exemple de coévolution comme Charles Darwin l'a décrit dans son ouvrage *De l'origine des espèces*.

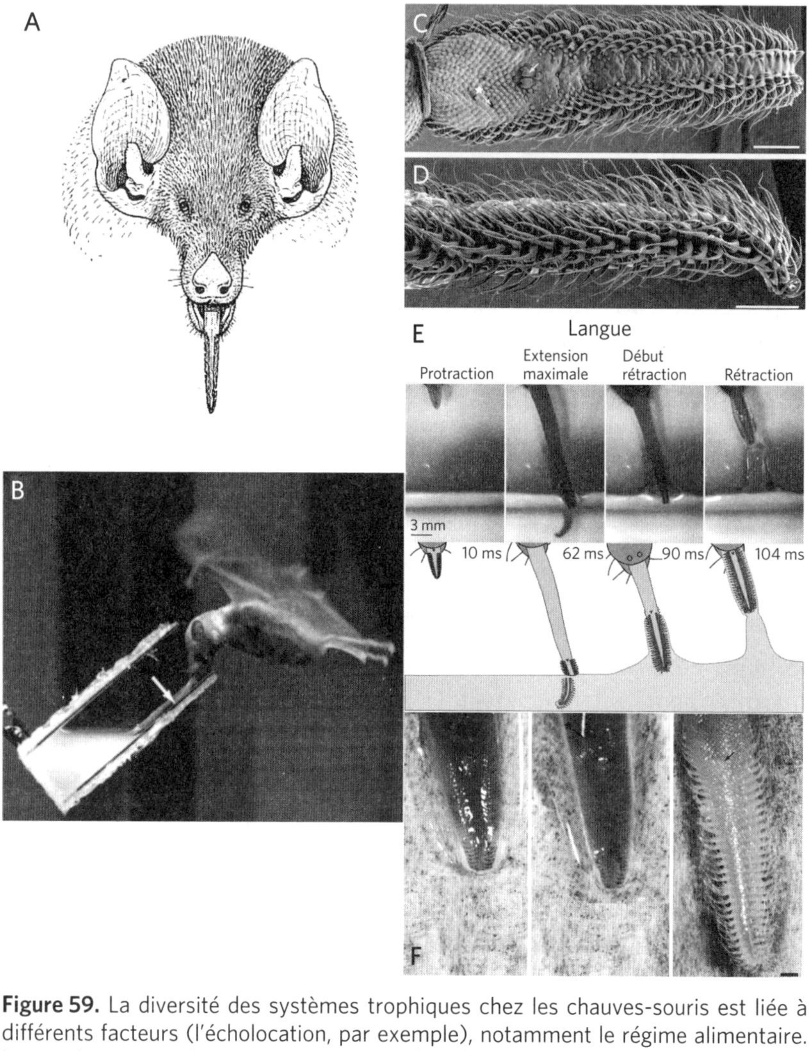

Figure 59. La diversité des systèmes trophiques chez les chauves-souris est liée à différents facteurs (l'écholocation, par exemple), notamment le régime alimentaire. Les espèces nectarivores ont un museau (mâchoires) souvent allongé par rapport aux espèces insectivores et frugivores. A) Certaines espèces (*Anoura* sp.) ont une langue particulièrement longue (dessin de Haeckel) leur permettant de pénétrer largement dans les inflorescences tubulaires (B). Leurs langues ont des morphologies très différentes. Chez les glossophanidés, la langue est couverte de « poils » de kératine (C : vue dorsale ; D : vue latérale) leur permettant de piéger le nectar (E et F) en s'isolant les uns des autres (petites flèches noires). F) La barre noire correspond à 1 centimètre.

CHAPITRE 36

Chauves-souris et vampirisme

Originaires du continent américain, trois genres de chauves-souris qui appartiennent à la famille des chauves-souris à nez en forme de feuille, *Desmodus rotundus* par exemple, se nourrissent en groupe d'un tout autre liquide : le sang. Ces chauves-souris ont été et sont encore à la base de l'imagerie populaire des vampires. Une histoire évolutive unique en a fait des parasites se nourrissant uniquement du sang de mammifères et d'oiseaux (figure 60). Ces animaux n'atterrissent pas sur leur hôte mais les approchent en se déplaçant sur le sol, puis sur l'hôte lui-même. Leur alimentation est plus efficace si ce dernier reste immobile. Cependant, ils doivent pouvoir fuir très rapidement soit en sautant, soit en volant. Aussi ces chauves-souris sont-elles capables de sauter avec une impulsion de l'ordre de 0,06 N et une force verticale égale à plus de 9 fois leur masse corporelle pour atteindre une vitesse de 2,5 mètres par seconde. Elles sont également les seules capables de réellement courir jusqu'à 1,2 mètre par seconde en utilisant essentiellement, au contraire des autres mammifères, les membres antérieurs pour se propulser. Leur capacité à détecter la présence du flux sanguin dans une région corporelle facilement utilisable repose sur un système sensoriel très particulier : elles sont les seuls mammifères connus capables de détecter sur leur hôte le site de morsure optimale grâce à des organes sensibles aux rayons infrarouges et situés entre les coussinets nasaux et la « feuille » formée par le nez qui leur donne leur nom. Bien qu'extrêmement différent, ce type de détection peut s'envisager comme une convergence fonctionnelle avec celui des serpents comme les boas, les pythons et les vipères. Il apparaît ainsi que la perception thermique, qui existe aussi chez les vertébrés, implique des mécanismes moléculaires différents à travers des neurones somato-sensoriels semblables qui atteignent la peau.

Les multiples adaptations des chauves-souris

Plusieurs adaptations ont été quantifiées chez ces chauves-souris qui lèchent le sang de plaies exécutées à l'aide, notamment, de leurs incisives particulièrement développées. Le passage, au cours de l'évolution, d'un régime alimentaire frugivore à un régime hématophage ou constitué de sang semble, par ailleurs, s'être accompagné d'une diminution de la force de morsure. Il est donc possible que le développement de ces incisives tranchantes permettant de pincer la peau et le muscle pour assurer le saignement de sa victime puisse expliquer une telle disposition. De plus, ces animaux produisent un type de venin au sein de la glande sous-maxillaire. Il comporte des sécrétions telles que le DSPA (activateur salivaire du plasminogène), la draculine et d'autres peptides liés à la calcitonine qui jouent un rôle essentiel dans leur comportement hématophage. La draculine est en effet une glycoprotéine qui inhibe la coagulation du sang récolté par la langue. Quant au DSPA, il assure le maintien du flux sanguin notamment en brisant le maillage de fibrine des caillots sanguins qui ont tendance à se former à la suite de la morsure. D'autres composants semblent avoir une activité vasodilatatrice importante, en ciblant les fibres musculaires lisses de la paroi des artères, au point que ces molécules pourraient être utilisées dans la recherche médicale quand elle porte notamment sur les maladies cardiovasculaires.

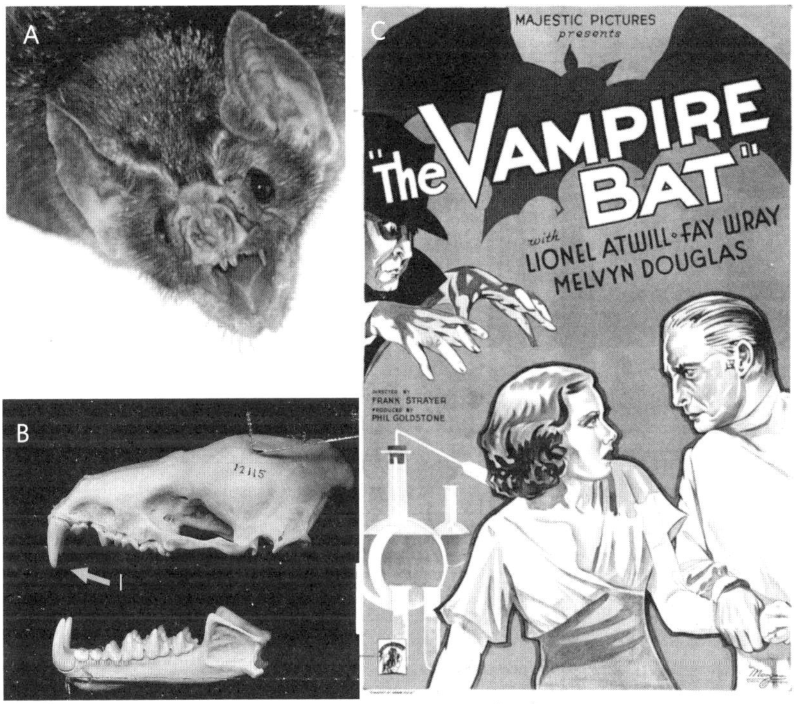

Figure 60. Le crâne de la chauve-souris vampire (A) porte des incisives fortement marquées (B) (I : incisives). Ces chauves-souris possèdent des organes sensibles aux rayons infrarouges. Comme toutes les espèces de chauves-souris, ces animaux sont caractérisés par des oreilles particulièrement développées et sont les seuls mammifères avec vol battu, comme le montraient déjà les illustrations du XIXe siècle et du cinéma d'épouvante des années 1950-1960 (C).

CHAPITRE 37

Dans le désert : boire avec la peau ou les pieds

Dans le désert, la présence de l'eau étant irrégulière, il est indispensable de la piéger de manière optimale. Pour ce faire, les animaux ont deux solutions : récupérer de l'eau disponible dans leur corps (eau métabolique) ou obtenir l'eau du milieu. Ces deux solutions peuvent fonctionner de manière alternative. Un très grand nombre d'espèces modifient aussi leur comportement en vivant la nuit et en se cachant le jour pour perdre le moins d'eau possible. Certaines, comme le rat-kangourou qui vit dans les déserts du Sud-Ouest américain, utilisent l'eau métabolique pour assurer 90 % du flux nécessaire à leur survie. Les grands mammifères, comme le chameau, ont pour leur part développé des adaptations très particulières qui leur permettent de survivre sans boire durant de longues périodes. Les adaptations anatomiques et physiologiques de ces espèces constituent, en soi, matière à un livre. Pour l'heure, retenons simplement que le chameau, dès qu'il le peut, boit par aspiration inertielle comme l'homme, la vache et l'éléphant.

Des stratégies inattendues pour boire

Plusieurs équipes se sont intéressées au comportement de deux lézards en milieu désertique : le crapaud cornu (*Moloch* sp.) et le diable cornu. Le crapaud cornu mesure une dizaine de centimètres et vit dans les déserts d'Amérique du Nord (au Texas). Le diable cornu, lui, mesure une vingtaine de centimètres et vit en Australie (figure 61). Plusieurs équipes ont étudié le comportement de ces lézards pour récupérer l'eau. Elles ont particulièrement mis en évidence les propriétés des écailles qui les recouvrent et leur permettent de boire de la manière la plus efficace possible[1]. Même si le comportement de ces petits lézards est très différent, la texture de leur peau montre une convergence morphologique remarquable. Le crapaud cornu a tendance à faire le gros dos en se soulevant sur les pattes arrière pour faire glisser vers la bouche qui s'ouvre et se ferme régulièrement les molécules d'eaux récupérées au petit matin (rosée) ou lorsqu'il pleut. Le diable cornu, lui, boit… avec les pieds. Dès qu'une flaque de ce précieux liquide est présente, il étale ses pattes dans l'eau et y reste sans bouger. L'eau monte de proche en proche vers la gueule. Chez ces deux lézards, les écailles sont séparées par un véritable réseau de canaux semi-fermés en forme de demi-cercle constitués de kératine bêta très fine. Ces canaux sont eux-mêmes couverts de structures très complexes qui forment une surface dont la topographie hexagonale organisée de manière morphologiquement hiérarchisée facilite la capillarité et permet à l'eau de se déplacer vers l'avant de l'animal. Sans dépense énergétique, ce mécanisme permet donc un déplacement passif de l'eau qui arrive à la bouche où elle est avalée par des mouvements de la langue.

Des expériences simples montrent qu'une goutte d'eau sur la peau de ces lézards ne se comporte absolument pas comme celle déposée sur ceux qui ne vivent pas dans de tels milieux désertiques. Elles relèvent de l'application du phénomène physique d'angle dièdre ou angle de contact. Cet angle se mesure au niveau de l'interface entre le liquide – ici, l'eau – et le solide, la kératine des écailles couvrant le corps du lézard. Cet angle compris entre 90 et 180 degrés ne change pas sur des surfaces hydrophobes telles que la peau de la majorité des lézards. À l'inverse, sur les surfaces hydrophiles de la peau des deux lézards du désert, cette goutte s'étale et s'infiltre très rapidement à raison de 14 millimètres par seconde sur la peau dorsale au lieu de 11 millimètres par seconde, montrant ainsi un potentiel de mouillabilité très élevé. La structure morphologique « hiérarchisée » de canaux capillaires entre les écailles chez le diable

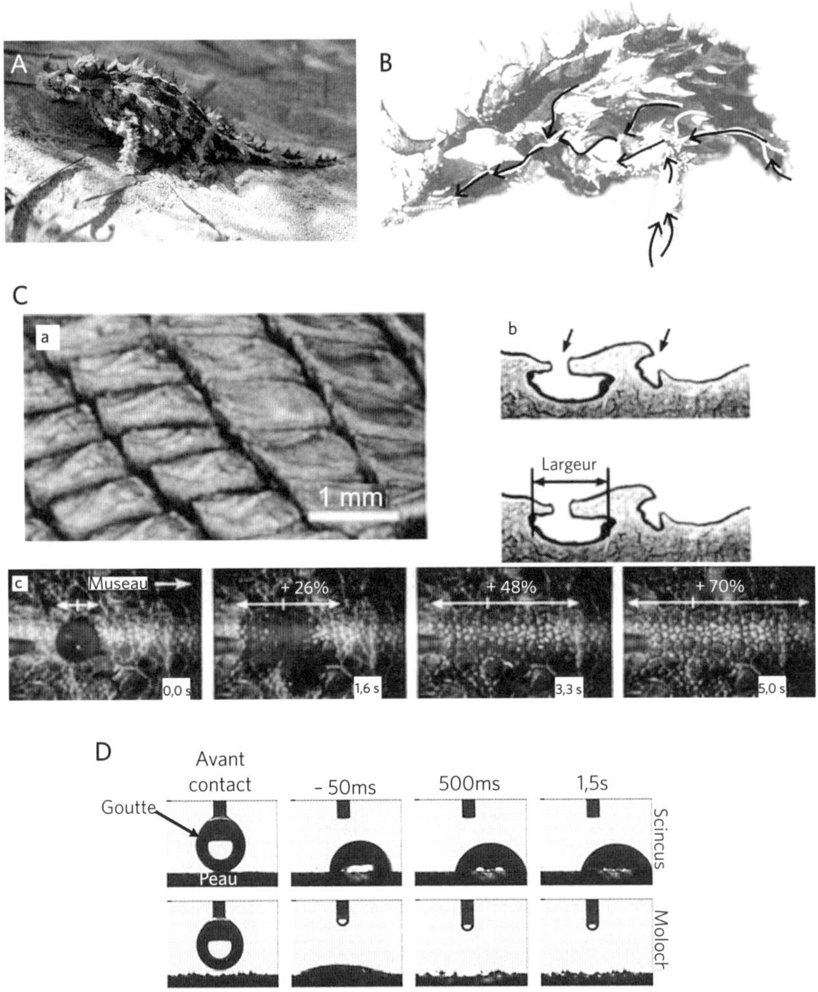
A
B
C
a
1 mm
b
Largeur
c
Museau
0,0 s
+ 26%
1,6 s
+ 48%
3,3 s
+ 70%
5,0 s
D
Avant contact
- 50ms
500ms
1,5s
Goutte
Peau
Scincus
Moloch

cornu lui permet d'acquérir un volume d'eau même très faible et de le transporter de proche en proche par capillarité. Les canaux les plus larges accumulent l'eau très rapidement. Une fois remplies, leurs structures internes facilitent son transport vers la bouche. Ce transport est donc un phénomène passif dû à un principe géométrique lié au motif périodique de canaux qui rétrécissent vers la bouche et s'élargissent vers la queue. Un tel mode ne nécessite aucun apport énergétique externe[2].

◀ **Figure 61.** *Moloch*, le lézard qui boit avec ses pieds (A). L'eau s'écoule (B) vers la bouche (C[a]) de la flaque dans laquelle il trempe ses pieds (flèches noires : eau ; flèches blanches : canaux entre les écailles). Elle s'écoule le long de canaux entre les écailles (C[a, b]) qui sont eux-mêmes garnis de petites bosses facilitant le déplacement de l'eau par capillarité comme le montre une goutte d'eau colorée qui s'étale rapidement sur sa peau (C[c]). D) Une goutte déposée sur la peau d'un lézard qui ne vit pas dans le désert (*Scincus*) reste à la surface sans modifier sa forme (série supérieure d'images), alors que chez le lézard vivant dans le désert (*Moloch*), elle s'étale en moins d'une seconde dès qu'elle entre en contact avec la kératine (série inférieure d'images).

Conclusion

Nous voici arrivés au terme de notre parcours à travers la complexité de comportements clefs du vivant. Le moment est venu de faire le bilan de ce que nous avons appris et d'envisager de quelle manière ces connaissances peuvent aider à respecter une nature de plus en plus menacée.

Essentiels à la vie des organismes, boire et manger génèrent d'innombrables spécialisations entraînant la diversité du vivant. Les comprendre et déterminer leur rôle a toujours suscité l'intérêt de l'homme dans sa quête pour expliquer cette diversité. De multiples explorations sont nées de cette curiosité. Sous des formes diverses et de tout temps, toutes les civilisations ont ainsi souhaité expliciter ces deux comportements indispensables à la survie du vivant, que ce soit en les décrivant ou en les conceptualisant pour en extraire des propriétés impliquées tant dans la persistance de l'humanité que dans les modes de représentation et d'expression qui en découlent.

Observer, décrire et représenter ces comportements, cette triple démarche répond donc à notre soif de savoir. Les attitudes de chasse ou de défense captées par la sculpture et la peinture à travers les différentes civilisations et époques ne sont-elles pas *in fine* des tentatives de montrer le combat entre prédateurs et proies pour survivre au sein de communautés inscrites dans des écosystèmes complexes ? De telles représentations montrent les différents traits sélectionnés par l'évolution dans le cadre de la mise en place d'interactions complexes qui régissent les chaînes trophiques.

Montrer et expliquer toute cette complexité repose sur les connaissances scientifiques qui, notamment de l'anatomie à la physiologie en passant par l'éthologie et l'écologie comportementale, abordent le comment et le pourquoi des différentes caractéristiques des organismes connus ou méconnus qui nous entourent. Ces caractéristiques jouent un rôle majeur dans la mise en place des interactions qui régissent les chaînes alimentaires ou trophiques dont nous faisons partie et sur lesquelles nous agissons, hélas ! de manière de plus en plus destructrice. Faute de connaître les formes et les fonctions des organismes intimement impliqués dans ces chaînes, nous ne comprendrons jamais les mécanismes évolutifs et adaptatifs qui les fondent.

La disparition de plus en plus fréquente d'espèces et de leurs spécialisations modifie de manière inconnue ces chaînes trophiques et, finalement, perturbe le fonctionnement des écosystèmes dont nous sommes dépendants. En milieu terrestre, entre autres exemples, le changement climatique, la destruction intensive des habitats, l'introduction d'espèces invasives et la chasse ont réduit la diversité du vivant de manière drastique et transformé de manière démesurée les chaînes trophiques, notamment en agissant sur les populations de grands prédateurs comme le tigre ou le lion d'Asie et en modifiant les populations de leurs proies potentielles. Dans le même temps, nous, humains, avons fourni d'autres proies domestiquées plus faciles à exploiter, créant ainsi une nouvelle compétition avec l'homme. En milieu aquatique, la pollution et la surpêche sont parmi les causes de la disparition de populations entières de poissons au sein des chaînes alimentaires dont la fragilisation impacte la survie d'organismes qui se sont spécialisés au cours de millions d'années.

Notre propre évolution n'est-elle pas liée à notre comportement alimentaire ? Pour nous nourrir, n'avons-nous pas développé des moyens et des méthodes inspirés des techniques des prédateurs ?

À terme, la production intensive d'aliments nous conduit même à diminuer nos capacités de mastication.

Depuis plus de cinquante ans, des travaux s'intéressent aux comportements alimentaires et à leur évolution. Si les premières études ont été réalisées en milieux confinés (laboratoires, aquariums, parcs zoologiques), les recherches n'ont depuis cessé de se multiplier à travers des disciplines aussi différentes que la biologie et la physique pour en comprendre toutes les facettes, de leur contrôle génétique et épigénétique, neuromoteur et fonctionnel à leur évolution et à leur adaptation aux changements de l'environnement et à leurs applications dans le cadre de la bio-inspiration. Aujourd'hui, le développement et l'utilisation de technologies de plus en plus pointues – du capteur ou de la caméra embarquée au suivi par satellite – permettent d'appréhender réellement l'implication de ce comportement alimentaire dans l'évolution et l'adaptation des vertébrés, de l'individu à l'espèce en passant par la population.

Par des exemples concrets, cet ouvrage donne une image de la diversité des comportements alimentaires des vertébrés dans le monde terrestre et aquatique ou à leur interface. Il vise à démontrer la diversité des *patterns* et des processus mis en place par les vertébrés pour exploiter la multitude de ressources alimentaires disponibles. Il reste à espérer que demain ces connaissances nous permettront de mieux comprendre encore cette diversité du vivant et les réponses que celui-ci met en œuvre dans un environnement en constante mutation afin de les intégrer dans nos propres comportements et décisions.

Notes

Introduction

1. Brodie J. F., Williams S., Garner B. (2021), « The decline of mammal functional and evolutionary diversity worldwide », *Proceedings of the National Academy of Sciences*, 118 (3), e1921849118.
2. https://www.oxfordmartin.ox.ac.uk/global-development.
3. Dix facteurs anthropiques ou liés à l'homme sont généralement inclus dans le changement global dont l'enrichissement en CO_2 atmosphérique, le changement climatique, la transformation des terres, l'exploitation des espèces sauvages, les invasions d'espèces exotiques, etc. Ces facteurs ont un impact, négatif et positif, sur la biodiversité aquatique et terrestre à des degrés divers.
4. Sage R. F. (2020), « Global change biology : A primer », *Global Change Biology*, 26 (1), p. 3-30.
5. Barbault R. (1993), « Une approche écologique de la biodiversité », *Natures Sciences Sociétés*, 1 (4), p. 322-329.
6. Chevassus-au-Louis B., Pipien G. (2014), « La biodiversité, du "grand inventaire" à la "toile du vivant" », *Humanité et biodiversité*, 1, p. 15-24.
7. Robinson J. M., Breed A. C., Camargo A., Redvers N., Breed M. F. (2024), « Biodiversity and human health : A scoping review and examples of underrepresented linkages », *Environmental Research*, 118115. Sher A. (2022), *An Introduction to Conservation Biology*, Oxford University Press.
8. Jacob F. (1996), « Bricolage de l'évolution », *in* P. Trot (dir.), *Dictionnaire du darwinisme et de l'évolution*, PUF, p. 414-419.

PARTIE I

Une tête pour manger, boire et tant d'autres choses

CHAPITRE 1

Une incroyable diversité de crânes

1. Coppens Y. (2022), *Une mémoire de mammouth. La science au fil des jours*, Odile Jacob.
2. Evans K. M., Larouche O., West J. L., Gartner S. M., Westneat M. W. (2023), « Burrowing constrains patterns of skull shape evolution in wrasses », *Evolution and Development*, 25 (1), p. 73-84.
3. Arbour J. H., Curtis A. A., Santana S. E. (2019), « Signatures of echolocation and dietary ecology in the adaptive evolution of skull shape in bats », *Nature Communications*, 10 (1), 2036.
4. Les gnathostomes ou vertébrés à mâchoires sont inclus dans les cordés, ou chordés, comprenant : les *Cephalochordata*, comme amphioxus, les *Tunicata*, comme les acidies et les *Vertebrata*.
5. Brocklehurst N., Ford D. P., Benson R. B. (2022), « Early origins of divergent patterns of morphological evolution on the mammal and reptile stem-lineages », *Systematic Biology*, 71 (5), p. 1195-1209.

CHAPITRE 2

De l'origine des dents

1. Cuvier F. (1825), *Des dents des mammifères, considérées comme caractères zoologiques*, F. G. Levrault.
2. Donoghue P. C., Rücklin M. (2016), « The ins and outs of the evolutionary origin of teeth », *Evolution and Development*, 18 (1), p. 19-30.
3. Ungar P. S., Sues H. D. (2019), « Tetrapod teeth : Diversity, evolution, and function », *in* V. Bels, I. Wishaw (dir.), *Feeding in Vertebrates : Evolution, Morphology, Behavior, Biomechanics*, Springer, p. 385-429.
4. Ungar P. (2017), *Evolution's Bite : A Story of Teeth, Diet, and Human Origins*, Princeton University Press.
5. Schwarz D., Konow N., Roba Y. T., Heiss E. (2020), « A salamander that chews using complex, three-dimensional mandible movements », *Journal of Experimental Biology*, 223 (5), jeb220749.
6. Paine O. C., Daegling D. J. (2023), « The game of models : Dietary reconstruction in human evolution», *Journal of Human Evolution*, 174, 103295. Ungar P. S., Sues H. D. (2019), « Tetrapod teeth : Diversity, evolution, and function », art. cit.

7. Moon B. R., Penning D. A., Segall M., Herrel A. (2019), « Feeding in snakes : Form, function, and evolution of the feeding system », », *in* V. Bels, I. Wishaw (dir.), *Feeding in Vertebrates : Evolution, Morphology, Behavior, Biomechanics*, *op. cit.*, p. 527-574.

CHAPITRE 3
Des dents… pas seulement pour manger

1. Cassini M. H. (2020), « Sexual size dimorphism and sexual selection in primates », *Mammal Review*, 50 (3), p. 231-239.
2. Davila-Ross M., Dezecache G. (2021), « The complexity and phylogenetic continuity of laughter and smiles in hominids », *Frontiers in Psychology*, 12, 648497.
3. Graham Z. A., Garde E., Heide-Jørgensen M. P., Palaoro A. V. (2020), « The longer the better : Evidence that narwhal tusks are sexually selected », *Biology Letters*, 16 (3), 20190950.

CHAPITRE 4
Le bec des oiseaux et des tortues : rhamphothèque et perte des dents

1. Seki Y., Bodde S. G., Meyers M. A. (2010), « Toucan and hornbill beaks : A comparative study », *Acta Biomaterialia*, 6 (2), p. 331-343.
2. Un taux d'évolution permet de quantifier l'évolution d'un caractère entre deux dates. Le taux d'évolution est calculé en pourcentage d'une grandeur qui passe d'une valeur de départ à une valeur d'arrivée.
3. Grant P. R. (2017), *Ecology and Evolution of Darwin's Finches*, Princeton University Press.
4. https://en.wikipedia.org/wiki/Peter_and_Rosemary_Grant.
5. Carrión P. L. *et al.* (2022), « The terroir of the finch : How spatial and temporal variation shapes phenotypic traits in Darwin's finches », *Ecology and Evolution*, 12 (10), e9399.
6. Lever D., Rush L. V., Thorogood R., Gotanda K. M. (2022), « Darwin's small and medium ground finches might have taste preferences, but not for human foods», *Royal Society Open Science*, 9 (1), 211198.
7. Harvey J. A. *et al.* (2021), « Urban living influences the nesting success of Darwin's finches in the Galápagos Islands », *Ecology and Evolution*, 11 (10), p. 5038-5048.
8. Grant P. R., Grant B. R. (2007), *How and Why Species Multiply : The Radiation of Darwin's Finches*, Princeton University Press.
9. Podos J., Nowicki S. (2004), « Beaks, adaptation, and vocal evolution in Darwin's finches », *Bioscience*, 54 (6), p. 501-510.
10. Le sigle BMP provient de l'anglais « *bone morphogenetic protein* ».
11. Abzhanov A., Kuo W. P., Hartmann C., Grant B. R., Grant P. R., Tabin C. J. (2006), « The calmodulin pathway and evolution of elongated beak morphology in Darwin's finches», *Nature*, 442 (7102), p. 563-567.

12. Al-Mosleh S., Choi G. P., Abzhanov A., Mahadevan L. (2021), « Geometry and dynamics link form, function, and evolution of finch beaks », *Proceedings of the National Academy of Sciences*, 118 (46), e2105957118.

CHAPITRE 5

La langue

1. Bels V., Whishaw I. Q. (dir.) (2019), *Feeding in Vertebrates : Evolution, Morphology, Behavior, Biomechanics*, Springer.
2. Badiane A., Carazo P., Price-Rees S. J., Ferrando-Bernal M., Whiting M. J. (2018), « Why blue tongue ? A potential UV-based deimatic display in a lizard », *Behavioral Ecology and Sociobiology*, 72 (7), p. 1-11.
3. Lorenz K. (1969), *L'Agression. Une histoire naturelle du mal*, Flammarion.
4. Morris D. (1978), *La Clé des gestes*, Grasset.
5. Eibl-Eibesfeldt I., Strachan G. (2017), *Love and Hate : The Natural History of Behavior Patterns*, Routledge.
6. Irenäus E. E. (1976), *L'Homme programmé*, Flammarion. Youngerman S. (1974), « Maori dancing since the eighteenth Century », *Ethnomusicology*, p. 75-100.

CHAPITRE 6

Un organe extraordinairement déformable

1. Ross C. F., Laurence-Chasen J. D., Li P., Orsbon C., Hatsopoulos N. G. (2024), « Biomechanical and cortical control of tongue movements during chewing and swallowing », *Dysphagia*, 39(1), p. 1-32.
2. Kier W. M., Smith K. K. (1985), « Tongues, tentacles and trunks : The biomechanics of movement in muscular-hydrostats », *Zoological Journal of the Linnean Society*, 83 (4), p. 307-324.
3. Noel A. C., Hu D. L. (2018), « The tongue as a gripper », *Journal of Experimental Biology*, 221 (7), jeb176289.
4. Kier W. M., Smith K. K. (1985), « Tongues, tentacles and trunks : The biomechanics of movement in muscular-hydrostats », art. cit.

CHAPITRE 7

Des papilles : pourquoi tant de différences ?

1. Le terme « salive » est utilisé de manière globale pour décrire les sécrétions des glandes salivaires et linguales.
2. Veríssimo C. J., D'Agostino S. M., Pessoa F. F., de Toledo L. M., de Miranda Santos I. K. F. (2015), « Length and density of filiform tongue papillae : Differences between tick-susceptible and resistant cattle may affect tick loads », *Parasites and Vectors*, 8 (1), p. 1-5.

3. Iwasaki S. I., Erdoğan S., Asami T. (2019), « Evolutionary specialization of the tongue in vertebrates : Structure and function », *in* V. Bels, I. Wishaw (dir.), *Feeding in Vertebrates : Evolution, Morphology, Behavior, Biomechanics, op. cit.*, p. 333-384.

CHAPITRE 8

Une langue attrape-tout

1. Toubeau G., Cotman C., Bels V. (1994), « Morphological and kinematic study of the tongue and buccal cavity in the lizard Anguis fragilis (*Reptilia : Anguidae*) », *The Anatomical Record*, 240 (3), p. 423-433.
2. Drea C. M. (2020), « Design, delivery and perception of condition-dependent chemical signals in strepsirrhine primates : Implications for human olfactory communication », *Philosophical Transactions of the Royal Society B*, 375 (1800), 20190264.
3. Dans une glande holocrine, la glande sébacée présente à la base des poils par exemple, les sécrétions produites dans le cytoplasme sont déposées dans sa lumière à la mort des cellules.
4. Le poids moléculaire est une mesure de la somme des valeurs des poids ou masses atomiques des atomes qui constituent la molécule. Dans le cas des phéromones, il est faible pour assurer sa volatilité (moins de 400 g/mole).
5. Martín J., López P., Rheubert J. L., Siegel D. S., Trauth S. E. (2014), « Pheromones and chemical communication in lizards », *Reproductive Biology and Phylogeny of Lizards and Tuatara*, 10, p. 43-77.
6. Retenons simplement que cet organe très particulier se met en place au cours du développement par l'isolement d'une partie de l'épithélium olfactif. Même les primates l'utilisent, mais son utilisation par l'homme reste controversée. Drea C. M. (2020), « Design, delivery and perception of condition-dependent chemical signals in strepsirrhine primates : Implications for human olfactory communication », art. cit.

CHAPITRE 9

Une langue pour se lécher

1. Crowley S. L., Cecchetti M., McDonald R. A. (2020), « Our wild companions : Domestic cats in the Anthropocene », *Trends in Ecology and Evolution*, 35 (6), p. 477-483.
2. La porosité correspond au volume relatif des vides présents dans la fourrure.
3. Noel A. C., Hu D. L. (2018), « Cats use hollow papillae to wick saliva into fur », *Proceedings of the National Academy of Sciences*, 115 (49), p. 12377-12382.

CHAPITRE 10

La langue : un moyen de capture efficace

1. Iwasaki S. I., Erdoğan S., Asami T. (2019), « Evolutionary specialization of the tongue in vertebrates : Structure and function », art.cit.
2. Une telle épaisseur est sept fois plus élevée que celle de la salive que nous produisons.
3. Un moment d'une force dont la définition remonte aux travaux d'Archimède (sur les leviers) peut se définir comme une grandeur physique vectorielle qui montre l'aptitude de cette force à faire tourner un système mécanique autour d'un point, souvent appelé pivot. Le newton mètre (symbole : N m) est l'unité utilisée pour un moment de force correspondant à une force de 1 newton dont le bras de levier est de 1 mètre, soit 1 N par mètre, ou encore 1 m^2 kg s^{-2}.
4. de Groot J. H., van Leeuwen J. L. (2004), « Evidence for an elastic projection mechanism in the chameleon tongue », *Proceedings of the Royal Society of London. Series B : Biological Sciences*, 271 (1540), p. 761-770.
5. Chen R., Chen J. Q., Sun Y., Wu L., Guo J. L. (2020), « A chameleon tongue inspired shooting manipulator with vision-based localization and preying », *IEEE Robotics and Automation Letters*, 5 (3), p. 4923-4930.
6. Brau F., Lanterbecq D., Zghikh L. N., Bels V., Damman P. (2016), « Dynamics of prey prehension by chameleons through viscous adhesion », *Nature Physics*, 12 (10), p. 931-935.
7. Bels V. L. *et al.* (2019), « Predatory behavior in lizards : Strategies and mechanisms for catching prey », *in* V. Bels, A. P. Russell (dir.), *Behavior of Lizards*, CRC Press, p. 107-141.

CHAPITRE 11

Communiquer avec l'hyoïde, ce méconnu du squelette

1. Diogo R. (2008), « Comparative anatomy, homologies and evolution of mandibular, hyoid and hypobranchial muscles of bony fish and tetrapods : A new insight », *Animal Biology*, 58 (2), p. 123-172.
2. Weible D. (2012), « Ritualization and exaptation : Towards a theory of hierarchical contextuality ? », *Biosemiotics*, 5, p. 211-226.
3. Mayr E. (1981), *La Biologie de l'évolution*, préface de François Jacob, Hermann, p. 52.
4. Huxley J. (1966), « A discussion on ritualization of behaviour in animals and man », *Philosophical Transactions of the Royal Society of London. Series B : Biological Science*, 251 (772), p. 337-349.
5. Leach E. R. (1966), « Ritualization in man : Ritualization in man in relation to conceptual and social development », *Philosophical Transactions of the Royal Society of London. Series B : Biological Sciences*, 251 (772), p. 403-408.
6. Zahavi A. (1980), « Ritualization and the evolution of movement signals », *Behaviour*, 72 (1-2), p. 77-80.

7. Li P., Ross C. F., Luo Z. X. (2022), « Morphological disparity and evolutionary transformations in the primate hyoid apparatus », *Journal of Human Evolution*, 162, 103094.
8. de Boer B. (2009), « Acoustic analysis of primate air sacs and their effect on vocalization », *The Journal of the Acoustical Society of America*, 126 (6), p. 3329-3343.
9. Whittaker A. R., Lehman S. (2019), « Hyoid bone size and its implications for social organization and sexual selection in Alouatta pigra and the Elusive Alouatta macconnelli », *Journal of Student Research*, 8 (1).
10. Miranda J., Bernardi I. P., Abreu K. C., Passos F. C. (2005), « Predation on *Alouatta guariba clamitans cabrera* (*Primates, Atelidae*) by *Leopardus pardalis* (*Linnaeus*) (*Carnivora, Felidae*) », *Revista Brasileira de Zoologia*, 22, p. 793-795.
11. Huxley J. (1966), « A discussion on ritualization of behaviour in animals and man », *Philosophical Transactions of the Royal Society of London, Series B : Biological Sciences*, 251 (772), p. 525-526.
12. Cox N. *et al.* (2022), « A global reptile assessment highlights shared conservation needs of tetrapods », *Nature*, 605 (7909), p. 285-290.
13. Böhm M., Williams R. *et al.* (2016), « Correlates of extinction risk in squamate reptiles : The relative importance of biology, geography, threat and range size », *Global Ecology and Biogeography*, 25 (4), p. 391-405.
14. « Iguanes » est utilisé de manière générique pour décrire une famille de squamates, les *Iguanidae*.
15. von Geldern C. E. (1919), « The mechanism in the production of the throat-fan in the Florida chameleon, *Anolis carolinensis* », *Proc. Calif. Acad. Sci.*, 9, p. 313-329.
16. Bels V. L. (1990), « The mechanism of dewlap extension in *Anolis carolinensis* (*Reptilia : Iguanidae*) with histological analysis of the hyoid apparatus », *Journal of Morphology*, 206 (2), p. 225-244.
17. Perez-Martinez C. A., Riley J. L., Whiting M. J. (2020), « Uncovering the function of an enigmatic display : Antipredator behaviour in the iconic Australian frillneck lizard », *Biological Journal of the Linnean Society*, 129 (2), p. 425-438.

CHAPITRE 12

Les lèvres : des poissons aux mammifères

1. Cette famille d'ostéichtyens comporte plus de 1 800 espèces, réparties principalement en Afrique, en Amérique du Sud et centrale, et dans des régions telles que Israël, Madagascar, Syrie, Iran, Sri Lanka et sur les côtes sud des Indes. Elles peuplent les grands lacs d'Afrique (lac Victoria, lac Tanganyika, etc.) et ont été importées, de longue date, en Europe pour y être élevées à des fins aquariophiles (scalaire, discus, par exemple). Dès 1954, l'introduction de la perche du Nil dans le lac Victoria, le plus grand lac tropical de notre planète (deux fois la surface de la Belgique), a conduit à un effondrement des populations de ces poissons qui s'y étaient diversifiés, notamment pour leur alimentation et leur reproduction. Ainsi, plus de 25 espèces sur les 200 présentes ont déjà disparu de ce véritable laboratoire pour tenter de comprendre les mécanismes de l'évolution. Ce prédateur qui peut atteindre 2 mètres de long peut non seulement capturer certaines espèces de cichlidés présents, mais entrer en

compétition avec d'autres qui se sont spécialisées depuis plus de 12 000 ans (dernier asséchement du lac). En effet, ces prédateurs seraient capables d'exploiter les mêmes ressources alimentaires des cichlidés de manière bien plus optimale. Des chercheurs américains et suisses ont démontré qu'une perche du Nil pouvait ingérer et avaler une proie en quelques secondes, alors que les cichlidés prédateurs ne pouvaient le faire qu'en quelques heures… La compétition entre des espèces adaptées en lien avec des innovations évolutives, telle une spécialisation des mâchoires pharyngiennes, et une espèce introduite par l'homme a complètement modifié la biodiversité de ce lac.

2. Henning F., Machado-Schiaffino G., Baumgarten L., Meyer A. (2017), « Genetic dissection of adaptive form and function in rapidly speciating cichlid fishes », *Evolution*, 71 (5), p. 1297-1312.
3. Cullen *et al.* (2023), « Theropod dinosaur facial reconstruction and the importance of soft tissues in paleobiology », *Science*, 379 (6639), p. 1348-1352.
4. Le mot *proboscis* est issu du grec ancien qui combine προβοσκίς/*proboskís* « trompe », formé du péfixe πρό-/*pró-* « en avant » et de βόσκω/*bóskō* « se nourrir ».
5. À titre de comparaison, le corps d'un homme comporte 600 muscles !
6. Dagenais P., Hensman S., Haechler V., Milinkovitch M. C. (2021), « Elephants evolved strategies reducing the biomechanical complexity of their trunk », *Current Biology*, 31 (21), p. 4727-4737.
7. Marshall C. D., Pyenson N. D. (2019), « Feeding in aquatic mammals : An evolutionary and functional approach », *in* V. Bels, I. Wishaw (dir.), *Feeding in Vertebrates : Evolution, Morphology, Behavior, Biomechanics*, *op. cit.*, p. 743-785.
8. Pereira A. S., Kavanagh E., Hobaiter C., Slocombe K. E., Lameira A. R. (2020), « Chimpanzee lip-smacks confirm primate continuity for speech-rhythm evolution », *Biology Letters*, 16 (5), 20200232.
9. Eibl-Eibesfeldt I. (1979), « Human ethology : Concepts and implications for the sciences of man », *Behavioral and Brain Sciences*, 2 (1), p. 1-26.
10. Morris D. (1977), *Mannwatching*, Harry N. Abrams Inc. ; trad. fr. *La Clé des gestes*, Grasset, 1979.

PARTIE II

De l'eau à la terre et de la terre à l'eau

CHAPITRE 13

Manger dans l'eau : des milliers d'espèces de formes différentes

1. Lauder G. V. (1990), « Functional morphology and systematics : Studying functional patterns in an historical context », *Annual Review of Ecology and Systematics*, 21 (1), p. 317-340.

2. Fish F. E. (2023), « Aquatic locomotion : Environmental constraints that drive convergent evolution », *in* V. Bels, A. P. Russell (dir.), *Convergent Evolution : Animal Form and Function*, Springer, p. 477-522.
3. Pouydebat E. (2019), *Quand les animaux et les végétaux nous inspirent*, Odile Jacob.

CHAPITRE 14

Aspirer, mordre, filtrer : autant de stratégies pour manger dans l'eau

1. Westneat M. W., Olsen A. M. (2015), « How fish power suction feeding », *Proceedings of the National Academy of Sciences*, 112 (28), p. 8525-8526.
2. Relation intraspécifique : entre individus d'une même espèce ; relation interspécifique : entre individus d'espèces différentes.

CHAPITRE 15

Aspirer : un mode de fonctionnement commun

1. Norton S. F., Brainerd E. L. (1993), « Convergence in the feeding mechanics of ecomorphologically similar species in the *Centrarchidae* and *Cichlidae* », *Journal of Experimental Biology*, 176 (1), p. 11-29.
2. Gidmark N. J., Pos K., Matheson B., Ponce E., Westneat M. W. (2019), « Functional morphology and biomechanics of feeding in fishes », *in* V. Bels, I. Wishaw (dir.), *Feeding in Vertebrates : Evolution, Morphology, Behavior, Biomechanics*, *op. cit.*, p. 297-332.

CHAPITRE 16

Mordre : une stratégie aussi efficace

1. Domning D. P. (2022), « What can we infer about the behavior of extinct Sirenians ? », *in* E. Marsh (dir.), *Ethology and Behavioral Ecology of Sirenia*, Springer International Publishing, p. 1-17.

CHAPITRE 17

Et la manne de petites proies ?

1. Le biofilm est un amas structuré de petits organismes enrobés dans une matrice de substance organique attachée à la surface qu'elle recouvre.
2. Cette disposition est complètement inverse de celle des baleines, dont les fanons sont portés par la mâchoire supérieure.

3. Le krill, mot utilisé par les baleiniers norvégiens, désigne un ensemble de petits crustacés de type crevettes représentés par plus de 80 espèces différentes mesurant de 6 à 10 centimètres (masse moyenne de 2 grammes) vivant en véritable « essaim », constitué de 10 000 à 30 000 individus par mètre cube, en pleine eau aussi bien dans les eaux froides près des pôles, que dans les eaux tempérées et tropicales, et se nourrissant de phytoplancton.
4. Qvarnström M., Elgh E., Owocki K., Ahlberg P. E., Niedźwiedzki G. (2019), « Filter feeding in Late Jurassic pterosaurs supported by coprolite contents », Peer J., 7, e7375.
5. Kooloos J. G. M., Zweers G. A. (1991), « Integration of pecking, filter feeding and drinking mechanisms in waterfowl », *Acta Biotheoretica*, 39, p. 107-140.
6. Skieresz-Szewczyk K., Jackowiak H. (2016), « Morphofunctional study of the tongue in the domestic duck (*Anas platyrhynchos f. domestica, Anatidae*) : LM and SEM study », *Zoomorphology*, 135, p. 255-268.

CHAPITRE 18

La tête des filtreurs : un tamis !

1. Sanderson S. L., Roberts E., Lineburg J., Brooks H. (2016), « Fish mouths as engineering structures for vortical cross-step filtration », *Nature Communications*, 7 (1), 11092.
2. Ces deux derniers mécanismes ne semblent pas présents chez les vertébrés. La production de *muscus* qui piégerait les particules ou les proies serait trop importante et conduirait au colmatage des espaces entre les branchiospines.
3. Divi R. V., Strother J. A., Paig-Tran E. M. (2018), « Manta rays feed using ricochet separation, a novel nonclogging filtration mechanism », *Science Advances*, 4(9), eaat9533.

CHAPITRE 19

De l'aquatique au terrestre et du terrestre à l'aquatique : une histoire extraordinaire

1. Ichtyologue : spécialiste de l'étude des poisons.
2. https://fishbase.mnhn.fr/summary/SpeciesSummary.php?ID=2063&AT=Selakant.
3. Lauridse H. *et al.* (2022), « Buoyancy and hydrostatic balance in a West Indian Ocean coelacanth *Latimeria chalumnae* », *BMC Biol.*, 20 (1), p. 180.
4. Amemiya C. T., Alföldi J., Lee A. P., Fan S., Philippe H., MacCallum I., ..., Lindblad-Toh K. (2013), « The African coelacanth genome provides insights into tetrapod evolution », *Nature*, 496 (7445), p. 311-316.
5. Diogo R. (2020), « Cranial or postcranial – Dual origin of the pectoral appendage of vertebrates combining the fin-fold and gill-arch theories ? », *Developmental Dynamics*, 249 (10), p. 1182-1200.
6. Stears K., McCauley, D. J., Finlay J. C., Mpemba J., Warrington I. T., Mutayoba B. M., ..., Brashares J. S. (2018), « Effects of the hippopotamus on the chemistry and

ecology of a changing watershed », *Proceedings of the National Academy of Sciences*, 115 (22), E5028-E5037.

7. Subalusky A. L., Sethi S. A., Anderson E. P., Jiménez G., Echeverri-Lopez D., García-Restrepo S., Nova-León L.J., Reátiga-Parrish J.F., Post D.M., Rojas, A. (2023), « Rapid population growth and high management costs have created a narrow window for control of introduced hippos in Colombia », *Scientific Reports*, 13 (1), 6193.
8. Shurin J. B., Aranguren-Riaño N., Duque Negro D., Echeverri Lopez D., Jones N. T., Laverde-R. O., Neu A., Pedroza Ramos A. (2020), « Ecosystem effects of the world's largest invasive animal », *Ecology*, 101 (5), e02991.
9. L'eutrophisation d'un milieu aquatique, qui peut être naturelle ou d'origine humaine, est un déséquilibre en apports de nutriments (phosphate et azote notamment) conduisant à la prolifération des végétaux tels que les algues. Cette explosion de la végétation constitue alors une source abondante de matière organique conduisant au développement des bactéries aérobies qui finissent par appauvrir le milieu en oxygène (anoxie). Ces bactéries sont alors remplacées par des bactéries anaérobies, qui provoquent la fermentation anaérobie, source de dégagements gazeux tels que le sulfure d'hydrogène, le méthane et l'ammoniac. Ce changement des caractéristiques des écosystèmes aquatiques entraîne la disparition de très nombreuses espèces végétales et animales.
10. Ahlberg P. E. (dir.) (2001), *Major Events in Early Vertebrate Evolution*, CRC Press.
11. Les cordés (dont font partie les céphalocordés) sont caractérisés par une structure endosquelettique rigide dorsale (la chorde ou corde) située entre le tube neural (système nerveux) et le tube digestif.
12. Amphioxus est une espèce de céphalocordé considérée comme espèce modèle pour aborder la question de l'évolution des chordés et des vertébrés, vue sous différents angles. Ce petit organisme marin, d'une dizaine de centimètres, planctonique à l'état larvaire puis benthique (vivant dans le sable), ne possède pas de tête différenciée, mais une région antérieure dite pharyngienne permettant de filtrer.
13. De nombreuses traces d'organismes semblables ont été découvertes dans différents endroits du monde, en Chine par exemple.
14. Gould J. S. (1991), *La vie est belle. Les surprises de l'évolution*, Seuil.
15. Van Wassenbergh S. (2019), « Transitions from water to land : Terrestrial feeding in fishes», *in* V. Bels, I. Wishaw (dir.), *Feeding in Vertebrates : Evolution, Morphology, Behavior, Biomechanics*, *op. cit.*, p. 139-158.
16. Poissons gnathostomes (qui possèdent une mâchoire) dont le squelette est osseux et qui possèdent des nageoires rayonnées, comme la truite, le brochet ou encore le bar.
17. Schwarz D., Heiss E., Pierson T. W., Konow N., Schoch R. R. (2023), « Using salamanders as model taxa to understand vertebrate feeding constraints during the late Devonian water-to-land transition», *Philosophical Transactions of the Royal Society B*, 378 (1891), 20220541.
18. Clack J. A. (2002), *Gaining Ground*, Indiana University Press.
19. Neenan J. M., Ruta M., Clack J. A., Rayfield E. J. (2014), « Feeding biomechanics in Acanthostega and across the fish-tetrapod transition », *Proceedings of the Royal Society B : Biological Sciences*, 281 (1781), 20132689.

20. Le milieu benthique (mot provenant du grec ancien βένθος, profondeur) correspond aux substrats des fonds des mers et des océans, des lacs et des rivières. Les organismes aquatiques qui y vivent constituent le benthos.
21. Ahlberg P. E. (2018), « Follow the footprints and mind the gaps : A new look at the origin of tetrapods », *Earth and Environmental Science Transactions of the Royal Society of Edinburgh*, 109 (1-2), p. 115-137.
22. Jacob F. (1977), « Evolution and tinkering», *Science,* 196 (4295), p. 1161-1166.
23. Goul, S. J., Vrba E. S. (1982), « Exaptation – a missing term in the science of form », *Paleobiology*, 8 (1), p. 4-15.
24. Frenkel-Pinter M., Petrov A. S., Matange K., Travisano M., Glass J. B., Williams L. D. (2022), « Adaptation and exaptation : From small molecules to feathers », *Journal of Molecular Evolution*, 90 (2), p. 166-175.
25. Abbate F. *et al.* (2012), « Morphology of the European sea bass (*Dicentrarchus labrax*) tongue », *Microscopy Research and Technique*, 75 (5), p. 643-649.

CHAPITRE 20
Les cétacés : des adaptations remarquables

1. Werth A. J., Crompton A. W. (2023), « Cetacean tongue mobility and function : A comparative review », *Journal of Anatomy*, 243 (23), p. 343-373.
2. Le melon est un organe constitué de tissu adipeux présent dans la tête des cétacés. Il joue un rôle majeur sans la communication auditive par écholocation, dans les plongées mais également dans la communication visuelle suite à sa déformation, notamment chez les bélugas. Suite à leur comportement alimentaire, les cétacés avalent de très grandes quantités de microplastiques qui, selon le phénomène de translocation à partir du système digestif, se retrouvent dans les tissus formant ce melon. Chez les cachalots et les baleines dites à bec ce melon est appelé spermaceti. Les propriétés des constituants de ce dernier ont conduit à une chasse effrénée des cachalots qui a failli conduire à leur disparition.
3. Galatius A., Racicot R., McGowen M., Olsen M. T. (2020), « Evolution and diversification of delphinid skull shapes », *Iscience*, 23 (10), 101543.
4. Boessenecker R. W., Fraser D., Churchill M., Geisler J. H. (2017), « A toothless dwarf dolphin (*Odontoceti* : *Xenorophidae*) points to explosive feeding diversification of modern whales (*Neoceti*) », *Proceedings of the Royal Society B : Biological Sciences*, 284 (1861), 20170531.
5. Werth A. J. (2004), « Functional morphology of the sperm whale (*Physeter macrocephalus*) tongue, with reference to suction feeding », *Aquatic Mammals*, 30 (3), p. 405-418.
6. Peredo C. M., Pyenson N. D., Marshall C. D., Uhen M. D. (2018), « Tooth loss precedes the origin of baleen in whales», *Current Biology*, 28 (24), p. 3992-4000.
7. Marx F. G., Hocking D. P., Park T., Ziegler T., Evans A. R., Fitzgerald E. M. (2016), « Suction feeding preceded filtering in baleen whale evolution », *Memoirs of Museum Victoria*, 75, p. 71-82.

PARTIE III

Des gestes pour se nourrir et une tête pour mastiquer

CHAPITRE 21

Manger avec les mains

1. Pouydebat E., Bardo A. (2019), « An interdisciplinary approach to the evolution of grasping and manipulation », *Biological Journal of the Linnean Society*, 127 (3), p. 535-542.
2. Böhmer C., Fabre A. C., Taverne M., Herbin M., Peigné S., Herrel A. (2019), « Functional relationship between myology and ecology in carnivores : Do forelimb muscles reflect adaptations to prehension ? », *Biological Journal of the Linnean Society*, 127 (3), p. 661-680.
3. Iwaniuk A. N., Pellis S. M., Whishaw I. Q. (2000), « The relative importance of body size, phylogeny, locomotion, and diet in the evolution of forelimb dexterity in fissiped carnivores (*Carnivora*) », *Canadian Journal of Zoology*, 78 (7), p. 1110-1125.
4. Iwaniuk A. N., Whishaw I. Q. (2000), « On the origin of skilled forelimb movements », *Trends in Neurosciences*, 23 (8), p. 372-376.
5. Tamagawa T. *et al.* (2020), « Correlation between musculoskeletal structure of the hand and primate locomotion : Morphometric and mechanical analysis in prehension using the cross-and triple-ratios », *PloS ONE*, 15 (5), e0232397.
6. Pouydebat E., Bardo A. (2019), « An interdisciplinary approach to the evolution of grasping and manipulation », art. cit.
7. Whishaw I. Q., Karl J. M. (2019), « The evolution of the hand as a tool in feeding behavior : The multiple motor channel theory of hand use », *in* V. Bels, I. Wishaw (dir.), *Feeding in Vertebrates : Evolution, Morphology, Behavior, Biomechanics*, *op. cit.*, p. 159-186.
8. Anzeraey A., Aumont M., Decamps T., Herrel A., Pouydebat E. (2017), « The effect of food properties on grasping and manipulation in the aquatic frog Xenopus laevis », *Journal of Experimental Biology*, 220 (23), p. 4486-4491.

CHAPITRE 22

Mangeons-nous comme la vache et le porc ?

1. Gans C. (1969), « Comments on inertial feeding », *Copeia*, 1969 (4), p. 855-857.
2. Baussart S., Korsoun L., Libourel P. A., Bels V. (2009), « Ballistic food transport in toucan », *Journal of Experimental Zoology Part A : Ecological Genetics and Physiology*, 311 (7), p. 465-474.
3. Mielke M., Van Wassenbergh S. (2022), « Three-dimensional movement of the beak during seed processing in domestic canaries », *Journal of Experimental Biology*, 225 (14), jeb244360.

4. Bels V. (dir.) (2006), *Feeding in Domestic Vertebrates : From Structure to Behaviour*, Cabi Digital Library.
5. Williams S. H. (2019), « Feeding in mammals : Comparative, experimental, and evolutionary insights on form and function », *in* V. Bels, I. Wishaw (dir.), *Feeding in Vertebrates : Evolution, Morphology, Behavior, Biomechanics, op. cit.*, p. 695-742.
6. Baumont R., Doreau M., Ingrand S., Veissier I. (2006), « Feeding and mastication behaviour in ruminants », *in* V. Bels (dir.) (2006), *Feeding in Domestic Vertebrates : From Structure to Behaviour, op. cit.*, p. 241-262.
7. Ross C. F., Iriarte-Diaz J. (2019), « Evolution, constraint, and optimality in primate feeding systems », *in* V. Bels, I. Wishaw (dir.), *Feeding in Vertebrates : Evolution, Morphology, Behavior, Biomechanics, op. cit.*, p. 87-829.
8. Schwarz D., Konow N., Roba Y. T., Heiss E. (2020), « A salamander that chews using complex, three-dimensional mandible movements », *Journal of Experimental Biology*, 223 (5), jeb220749. Gans C., Carrier D., De Vree F. (1985), « Usage pattern of the complex masticatory muscles in the shingleback lizard, *Trachydosaurus rugosus* : A model for muscle placement », *American Journal of Anatomy*, 173 (3), p. 219-240.
9. Milford E. M., Wang B., Smith K., Choi D., Martin-Harris B., Garand K. L. (2020), « Aging and sex effects on mastication performance in healthy, nondysphagic, community-dwelling adults », *American Journal of Speech-Language Pathology*, 29 (2), p. 705-713.
10. She X. *et al.* (2021), « Sexual dimorphisms in three-dimensional masticatory muscle attachment morphometry regulates temporomandibular joint mechanics », *Journal of Biomechanics*, 126, 110623.
11. Lombardo G. *et al.* (2020), « Worldwide prevalence of malocclusion in the different stages of dentition : A systematic review and meta-analysis », *European journal of Paediatric Dentistry*, 21, p. 115.
12. Olson R. A., Montuelle S. J., Chadwell B. A., Curtis H., Williams S. H. (2021), « Jaw kinematics and tongue protraction-retraction during chewing and drinking in the pig », *Journal of Experimental Biology*, 224 (7), jeb239509.
13. Lemell P., Lemell C., Snelderwaard P., Gumpenberger M., Wocheslãnder R., Weisgram J. (2002), « Feeding patterns of *Chelus fimbriatus* (*Pleurodira* : *Chelidae*) », *Journal of Experimental Biology*, 205 (10), p. 1495-1506.
14. Olson R. A., Montuelle S. J., Curtis H., Williams S. H. (2021), « Regional tongue deformations during chewing and drinking in the pig », *Integrative Organismal Biology*, 3 (1), obab012.
15. Ross C. F., Laurence-Chasen J. D., Li P., Orsbon C., Hatsopoulos N. G. (2023), « Biomechanical and cortical control of tongue movements during chewing and swallowing », *Dysphagia*, 39 (1), p. 1-32.
16. Les tétrapodes dits amniotes (reptiles, mammifères et oiseaux) ont acquis au cours de l'évolution leur indépendance de l'eau pour assurer le développement de l'embryon ou du fœtus puisque ce dernier est enveloppé dans un sac amniotique imperméable qui le protège de l'environnement extérieur. Les amphibiens sont des tétrapodes dits anamniotes qui déposent leurs œufs dans un environnement liquide.
17. Heiss E., Schwarz D., Konow N. (2019), « Chewing or not ? Intraoral food processing in a salamandrid newt », *Journal of Experimental Biology*, 222 (6), jeb189886.

18. Van Casteren A., Codd J. R., Kupczik K., Plasqui G., Sellers W. I., Henry A. G. (2022), « The cost of chewing : The energetics and evolutionary significance of mastication in humans », *Science Advances*, 8 (33), eabn8351.
19. Boesch C. (1994), « Cooperative hunting in wild chimpanzees », *Animal Behaviour*, 48 (3), p. 653-667.
20. Bramble D. M., Wake D. B. (1985), « Feeding mechanisms of lower tetrapods », *in* M. Hildebrand, D. M. Bramble, K. F. Liem, D. B. Wake (dir.), *Functional Vertebrate Morphology*, Harvard University Press, p. 230-261.

CHAPITRE 23
Nourrir sa progéniture : une nécessité

1. N'oublions pas que les oiseaux sont issus de dinosaures (les théropodes) ayant vécu au Jurassique (de – 165 millions d'années à – 150 millions d'années). Après s'être diversifiés au cours du Jurassique et au Crétacé, ces vertébrés ont subi une extinction de masse au même titre que les dinosaures. À la suite, les oiseaux actuels se sont de nouveau diversifiés avec plus de 10 000 espèces. Mais leur nombre a très fortement diminué et diminue de manière drastique à la suite de l'activité humaine. Rappelons que des dizaines d'espèces ont disparu au cours des deux cents dernières années (dodo de l'île Maurice, pigeon voyageur d'Amérique du Nord, etc.) et que la moitié des espèces sont en danger de disparition sur tous les continents selon les derniers recensements, alors que d'autres sont devenues extrêmement invasives (la perruche à collier en Europe, par exemple).
2. Bels V. L. *et al.* (2019), « Predatory behavior in lizards : Strategies and mechanisms for catching prey », art. cit.
3. Duncan E. M., Arrowsmith J. A., Bain C. E., Bowdery H., Broderick A. C., Chalmers T., ..., Godley B. J. (2019), « Diet-related selectivity of macroplastic ingestion in green turtles (*Chelonia mydas*) in the Eastern Mediterranean », *Scientific Reports*, 9 (1), p. 1-8.
4. Rice N., Hirama S., Witherington B. (2021), « High frequency of micro-and meso-plastics ingestion in a sample of neonate sea turtles from a major rookery », *Marine Pollution Bulletin*, 167, 112363.
5. Meng Q., Liu J., Varricchio D. J., Huang T., Gao C. (2004), « Parental care in an ornithischian dinosaur », *Nature*, 431 (7005), p. 145-146.
6. Nidicole *versus* nidifuge se réfère au comportement des oisillons par rapport au nid. Altricial et précoce se réfèrent au mode de développement des animaux.
7. Galef B. G. (1981), « The ecology of weaning », *in* D. J. Gubernik, P. H. Klopfer (dir.), *Parental Care in Mammals*, p. 211-241. Springer.

PARTIE IV

Boire avec la tête et les pieds : des innovations évolutives extraordinaires

CHAPITRE 26

Retour en milieu aquatique : boire et éliminer du sel

1. Lillywhite H. B., Babonis L. S., Sheehy III C. M., Tu III, M. C. (2008), « Sea snakes (Laticauda spp.) require fresh drinking water : Implication for the distribution and persistence of populations », *Physiological and Biochemical Zoology*, 81 (6), p. 785-796.
2. Rash R., Lillywhite H. B. (2019), « Drinking behaviors and water balance in marine vertebrates », *Marine Biology*, 166 (10), p. 1-21.

CHAPITRE 27

Un organe remarquable : la glande à sel

1. Bels V. L., Davenport J., Renous S. (1995), « Drinking and water expulsion in the diamondback turtle Malaclemys terrapin », *Journal of Zoology*, 236 (3), p. 483-497.

CHAPITRE 28

Dauphin et baleine : boire en mangeant

1. L'eau métabolique est produite par l'oxydation des nutriments acquis par la nourriture.
2. Gleick P. H. (1998), « The human right to water », *Water Policy*, 1 (5), p. 487-503.

CHAPITRE 29

Boire chez les tétrapodes : des mécanismes physiques diversifiés

1. Heidweiller J., Zweers G. A. (1990), « Drinking mechanisms in the zebra finch and the bengalese finch », *The Condor*, 92 (1), p. 1-28. Heidweiller J., van Loon J. A., Zweers G. A. (1992), « Flexibility of the drinking mechanism in adult chickens (*Gallus gallus*) (*Aves*) », *Zoomorphology*, 111 (3), p. 141-159.
2. Kim W., Bush J. W. (2012), « Natural drinking strategies », *Journal of Fluid Mechanics*, 705, p. 7-25.
3. La pression hydrostatique désigne la force exercée par l'eau.
4. La capillarité correspond à la capacité de l'eau de se déplacer le long de structures (tubes fins, par exemple) malgré la force de gravité.

CHAPITRE 30

L'éléphant : une capacité phénoménale d'absorption de l'eau

1. Schulz A. K. *et al.* (2021), « Suction feeding by elephants », *Journal of the Royal Society Interface*, 18 (179), 20210215.
2. Cette valeur correspond à la moyenne des rayons des orifices nasaux (3,5 centimètres) à l'extrémité de la trompe et des ouvertures nasales situées à la base de la trompe (1,5 centimètre), selon Schulz *et al.* (2021), « Suction feeding by elephants », art. cit.
3. *Ibid.*
4. Brown R. E., Butler J. P., Godleski J. J., Loring S. H. (1997), « The elephant's respiratory system : Adaptations to gravitational stress », *Respiration Physiology*, 109 (2), p. 177-194.
5. Berkhoudt G., Kardong K. V., Zweers G. A. (1995), « Mechanics of drinking in the brown tree snake, *Boiga irregularis* », *Zoology*, 98, p. 92-103.
6. Clarke J., Middleton K. (2006), « Bird evolution », *Current Biology*, 16 (10), R350-R354.
7. Bels V. L., Goosse V., Kardong K. V. (1993), « Kinematic analysis of drinking by the lacertid lizard, *Lacerta viridis* (*Squamates, Scleroglossa*) », *Journal of Zoology*, 229 (4), p. 659-682. Bels V. L., Jamniczky H. A., Montuelle S., Pallandre J. P., Kardong K. V., Russell A. P. (2020), « Mechanics and kinematics of fluid uptake and intraoral transport in the leopard gecko », *Journal of Zoology*, 311 (1), p. 33-44.

CHAPITRE 31

Boire pour la girafe : un problème de… hauteur

1. Binder P. M., Taylor D. L. (2015), « How giraffes drink », *The Physics Teacher*, 53 (9), p. 518-520.

CHAPITRE 32

Le bébé : comment téter efficacement ?

1. Bu'Lock F., Woolridge M. W., Baum J. D. (1990), « Development of co-ordination of sucking, swallowing and breathing : Ultrasound study of term and preterm infants », *Developmental Medicine and Child Neurology*, 32 (8), p. 669-678.

CHAPITRE 33

Le chien et le chat : l'un éclabousse, l'autre pas

1. Binder P. M., Taylor D. L. (2015), « How giraffes drink », art. cit.
2. Gart S., Socha J. J., Vlachos P. P., Jung S. (2015), « Dogs lap using acceleration-driven open pumping », *Proceedings of the National Academy of Sciences*, 112 (52), p. 5798-15802.

3. Hsieh S. T. (2003), « Three-dimensional hindlimb kinematics of water running in the plumed basilisk lizard (*Basiliscus plumifrons*) », *Journal of Experimental Biology*, 206 (23), p. 4363-4377.
4. Aristoff J., Stocker R., Reis P., Sunghwan J. (2011), « On the water lapping of felines and the water running of lizards : A unifying physical perspective », *Communicative and Integrative Biology*, 4 (2), p. 213-215.
5. Des insectes aux vertébrés, ce jeu entre des forces à l'interface air-eau est utilisé par de très nombreux organismes. Le lézard n'est ici donné qu'en exemple.
6. Hsieh S. T., Lauder G. V. (2004), « Running on water : Three-dimensional force generation by basilisk lizards », *Proceedings of the National Academy of Sciences*, 101 (48), p. 16784-16788.
7. Pouydebat E. (2021), *Quand les animaux et les végétaux nous inspirent, op. cit.* Hu Z., Fang W., Li Q., Feng X. Q., Lv J. A. (2020), « Optocapillarity-driven assembly and reconfiguration of liquid crystal polymer actuators », *Nature Communications*, 11 (1), p. 1-10.

CHAPITRE 34

Oiseaux et chauves-souris : la recherche du nectar

1. La *bractée* est une pièce florale qui se trouve à la base de l'inflorescence et qui entoure la base du pédoncule des fleurs.
2. Rico-Guevara A., Rubega M. A., Hurme K. J., Dudley R. (2019), « Shifting paradigms in the mechanics of nectar extraction and hummingbird bill morphology », *Integrative Organismal Biology*, 1 (1), oby006.
3. Fonseca L. C. N. D., Rech A. R., Bergamo P. J., Gonçalves-Esteves V., Sazima M. (2016), « Heterospecific pollen deposition among plants sharing hummingbird pollinators in the Brazilian Atlantic Forest », *Rodriguésia*, 67, p. 335-345.
4. Johnson S. D., Kiepiel I., Robertson A. W. (2020), « Functional consequences of flower curvature, orientation and perch position for nectar feeding by sunbirds », *Biological Journal of the Linnean Society*, 131 (4), p. 822-834.
5. Rico-Guevara A., Rubega M. A., Hurme K. J., Dudley R. (2019), « Shifting paradigms in the mechanics of nectar extraction and hummingbird bill morphology », art. cit. Cuban D., Hewes A. E., Sargent A. J., Groom D. J., Rico-Guevara, A. (2022), « On the feeding biomechanics of nectarivorous birds », *Journal of Experimental Biology*, 225 (2), jeb243096.
6. La pression de Laplace qui correspond à la pression capillaire est la différence de pression entre les deux côtés d'une interface courbe séparant deux milieux fluides.
7. Rico-Guevara A., Rubega M. A. (2011), « The hummingbird tongue is a fluid trap, not a capillary tube 7 », *Proceedings of the National Academy of Sciences*, 108 (23), p. 9356-9360.
8. Medel R., López-Aliste M., Fontúrbel F. E. (2022), « Hummingbird-plant interactions in Chile : An ecological review of the available evidence », *Avian Research*, 13, 100051.
9. Bustamante-Castillo M., Hernández-Baños B. E., Arizmendi M. D. C. (2018), « Hummingbird diversity and assemblage composition in a disturbed tropical dry forest of Guatemala », *Tropical Conservation Science*, 11, 1940082918793303.

CHAPITRE 35

Chauves-souris et pollinisation

1. Harper C. J., Swartz S. M., Brainerd E. L. (2013), « Specialized bat tongue is a hemodynamic nectar mop », *Proceedings of the National Academy of Sciences*, 110 (22), p. 8852-8857.
2. Tschapka M., Gonzalez-Terrazas T. P., Knörnschild M. (2015), « Nectar uptake in bats using a pumping-tongue mechanism », *Science Advances*, 1 (8), e1500525.

CHAPITRE 37

Dans le désert : boire avec la peau ou les pieds

1. Sherbrooke W. C., Scardino A. J., de Nys R., Schwarzkopf L. (2007), « Functional morphology of scale hinges used to transport water : Convergent drinking adaptations in desert lizards (*Moloch horridus* and *Phrynosoma cornutum*) », *Zoomorphology*, 126 (2), p. 89-102. Gurera D., Bhushan B. (2020), « Passive water harvesting by desert plants and animals : Lessons from nature », *Philosophical Transactions of the Royal Society A*, 378 (2167), 20190444.
2. Sherbrooke W. C., Scardino A. J., de Nys R., Schwarzkopf L. (2007), « Functional morphology of scale hinges used to transport water : Convergent drinking adaptations in desert lizards (*Moloch horridus* and *Phrynosoma cornutum*) », art. cit. Gurera D., Bhushan B. (2020), « Passive water harvesting by desert plants and animals : Lessons from nature », art. cit.

Source des figures

FIGURE 1

Réalisation par Florence Kirchhoff.

A : https://commons.wikimedia.org/wiki/File:Leonardo_da_Vinci_-_RCIN_919057,_Recto_The_skull_sectioned.jpg

B : https://commons.wikimedia.org/wiki/File:Saint_J%C3%A9rome_Joos_van_Cleve_015.JPG

C : https://commons.wikimedia.org/wiki/File:Skull_%26_Cigarette.jpg

D : https://commons.wikimedia.org/wiki/File:Races_and_skulls.png

FIGURE 2

Réalisation par Florence Kirchhoff. A-D : photos réalisées par Vincent Bels (spécimens du Muséum national d'histoire naturelle, Paris, France)

FIGURE 3

Photo réalisée par Florence Kirchhoff (Galerie d'Anatomie comparée du Muséum national d'histoire naturelle, Paris, France)

FIGURE 4

Réalisation par Florence Kirchhoff.

A, B : photos réalisées par Daniel Huber (The University of Tampa, Tampa, USA)

C : https://commons.wikimedia.org/wiki/File:Tiger_shark,_Hawaii_Aii.jpg

D : photo réalisée par Florence Kirchhoff d'un spécimen prêté par Éric Pellé

FIGURE 5

Réalisation par Florence Kirchhoff.

A : https://commons.wikimedia.org/wiki/File:Human_tooth_diagram-en.svg

B : https://commons.wikimedia.org/wiki/File:Bleibende_Z%C3%A4hne_beim_Menschen_eingef%C3%A4rbt.png
C-G : photos réalisées par Florence Kirchhoff (spécimens du Muséum national d'histoire naturelle, Paris, France)

FIGURE 6

Réalisation par Florence Kirchhoff. Photos réalisées par Vincent Bels (spécimens du Muséum national d'histoire naturelle, Paris, France)

FIGURE 7

Réalisation par Florence Kirchhoff.
A : photos réalisées par Vincent Bels (spécimen du Muséum national d'histoire naturelle, Grande Galerie de l'évolution, Paris, France)
B : https://commons.wikimedia.org/wiki/File:(Toulouse)_Le_Vue_(La_Dame_%C3%A0_la_licorne)_-_Mus%C3%A9e_de_Cluny_Paris.jpg

FIGURE 8

Réalisation par Florence Kirchhoff. A-D : photos réalisées par Éric Pellé (Muséum national d'histoire naturelle, Paris, France)
E : photos réalisées par Vincent Bels (spécimen du Muséum national d'histoire naturelle, Paris, France)

FIGURE 9

Réalisation par Florence Kirchhoff.
A : https://commons.wikimedia.org/wiki/File:Charles_Darwin_Standing.jpg
B : https://commons.wikimedia.org/wiki/File:HMS_Beagle_in_Straits_of_Magellan.jpg
C : https://commons.wikimedia.org/wiki/File:Darwin_tree_cut.png
D : diagramme réalisé par Vincent Bels
E : https://commons.wikimedia.org/w/index.php?search=Darwin+finches&title=Special:MediaSearch&go=Go&type=image

FIGURE 10

Réalisation par Florence Kirchhoff.
A : photo réalisée par Glenn Le Floch (Parc zoologique-Domaine de La Bourbansais, France)
B : photo réalisée par Kurt Schwenk (University of Connecticut, USA)
C : photo réalisée par Éric Pellé (Muséum national d'histoire naturelle-Parc zoologique de Paris, Paris, France)
D : Florence Kirchhoff (Parc zoologique de Cerza, France)

FIGURE 11

A-F : photos réalisées par Florence Kirchhoff

FIGURE 12

Réalisation par Florence Kirchhoff.
A : photo réalisée par Miguel Sierra
B : photo réalisée par Kurt Schwenk (University of Connecticut, USA)
C : schéma réalisé par Vincent Bels

FIGURE 13

Réalisation par Florence Kirchhoff.
A-B : photos réalisées par Florence Kirchhoff
C-G : permission de The Proceedings of The National Academy of Sciences (PNAS) pour modifier les figures 1, 2, 3, 4 de l'article : Noel A. C., Hu D. L. (2018), « Cats use hollow papillae to wick saliva into fur », Proceedings of the National Academy of Sciences, 115 (49), p. 12377-12382

FIGURE 14

Réalisation par Florence Kirchhoff.
A : photo réalisée par Stass Gorb (université de Kiehl, Allemagne)
B : photos de Vincent Bels extraites d'un film réalisé par Pascal Damman (université de Mons, Mons, Belgique) et Fabian Brau (Université libre de Bruxelles, Belgique)
C : dessin Vincent Bels inspiré de Marks P. (2011), « Artificial chameleon tongue has bug-catching licked », *New Scientist*, 210 (20808). Article : Brau F., Lanterbecq D., Zghikh L. N., Bels V., Damman P. (2016), « Dynamics of prey prehension by chameleons through viscous adhesion », *Nature Physics*, 12 (10), p. 931-935.
D : photo réalisée par Kurt Schwenk (University of Connecticut, USA).

FIGURE 15

Réalisation par Florence Kirchhoff. A, B, D, E : photos réalisées par Vincent Bels (A, B et D : spécimens du Muséum national d'histoire naturelle, Paris, France ; E : photo réalisée par Florence Kirchhoff)
C : modifié de https://commons.wikimedia.org/wiki/File:712_Hyoid_Bone_-_ja.jpg

FIGURE 16

Réalisation par Florence Kirchhoff.
A : https://commons.wikimedia.org/w/index.php?search=desman&title=Special:-MediaSearch&go=Go&type=image

B : MBNMS_-_elephant_seals_(27908134301) public domain Mark
C-D : photos réalisées par Florence Kirchhoff (Parc zoologique de Cerza, France)
E : photo réalisée par Grégoire Boulinguez Ambroise (Muséum national d'histoire naturelle, Paris, France)

FIGURE 17

Réalisation par Florence Kirchhoff.
A : https://commons.wikimedia.org/wiki/File:Expression_of_the_Emotions_in_Man_and_Animals_title_page.jpg
B : https://commons.wikimedia.org/wiki/File:Monkeys_expressions_from_Darwin%27s_Expression_of_Emotions..._Wellcome_L0049520.jpg
C : https://commons.wikimedia.org/wiki/File:Expression_of_the_Emotions_Figure_18.png
D : https://commons.wikimedia.org/wiki/File:Expression_of_the_Emotions_Figure_14.png

FIGURE 18

Réalisation par Florence Kirchhoff.
A : https://commons.wikimedia.org/wiki/File:Detail_from_a_Fishing_Scene,_Tomb_of_Qenamun_MET_DT10881.jpg
B : https://commons.wikimedia.org/wiki/File:Fishing_in_Africa.jpg
C : https://commons.wikimedia.org/wiki/File:D165-_chinois_p%C3%AAchant_avec_l%E2%80%99aide_de_cormorans._-_L1-Ch3.png
D : https://commons.wikimedia.org/wiki/File:N.N._(1806)_p069_WHALE_FISHING_NEAR_THE_CAPE.jpg

FIGURE 19

Réalisation par Florence Kirchhoff.
A, B : photos réalisées par Vincent Bels (spécimens du Muséum national d'histoire naturelle, Paris, France)

FIGURE 20

A : schéma réalisé par Vincent Bels

FIGURE 21

Réalisation par Florence Kirchhoff.
A : photos réalisées par Florence Kirchhoff
B, C : photo réalisée par Sam Van Wassenbergh (université d'Anvers, Anvers, Belgique)

FIGURE 22

Réalisation par Florence Kirchhoff. A : photo réalisée par Florence Kirchhoff (prise à Alligator Bay, Beauvoir, France)

B, C : photo réalisée par Vincent Bels (spécimens du Muséum national d'histoire naturelle, Paris, France)

D : montage réalisé par Florence Kirchhoff – vidéo réalisée par Chris Gillette (https://www.chrisgillette.com/). Permission d'utilisation de la vidéo pour extraire les images

FIGURE 23

Réalisation par Florence Kirchhoff. A-B : photos réalisées par Vincent Bels (spécimens du Muséum national d'histoire naturelle, Paris, France)

C-D : photos réalisées par Pauline Costes et Emmanuelle Pouydebat

E : photos réalisées par Florence Kirchhoff (extraites d'un film réalisé par Glenn Le Floch au Parc zoologique de Beauval, France)

FIGURE 24

A : photo réalisée par Florence Kirchhoff

B : https://commons.wikimedia.org/wiki/File:Prion_vittatus,_Gmelin._Broad-billed_Dove-Petrel.jpg

FIGURE 25

A, B : photos réalisées par Florence Kirchhoff

C : photo réalisée par Éric Pellé (spécimen du Muséum national d'histoire naturelle, Paris, France)

FIGURE 26

A-D : photos réalisées par Florence Kirchhoff

FIGURE 27

Schémas réalisés par Vincent Bels

FIGURE 28

A-D : photos réalisées par Florence Kirchhoff

FIGURE 29

Photo réalisée par Vincent Bels (spécimen du Muséum national d'histoire naturelle, Paris, France)

FIGURE 30

Réalisation par Florence Kirchhoff. A : https://commons.wikimedia.org/w/index.php?search=amphioxus&title=Special:MediaSearch&go=Go&type=image

B : https://commons.wikimedia.org/w/index.php?search=NMNH+USNMPAL&title=Special:MediaSearch&go=Go&type=image

FIGURE 31

Réalisation par Florence Kirchhoff.

A : photo réalisée par Sam Van Wassenbergh (université d'Anvers, Anvers, Belgique)

B : dessin d'Anaïs Bels

C : photo donnée par un pêcheur (Station de biologie marine, Muséum national d'histoire naturelle, Paris, France)

FIGURE 32

Photo réalisée par Vincent Bels (Galerie d'Anatomie comparée du Muséum national d'histoire naturelle, Paris, France)

FIGURE 33

Réalisation par Florence Kirchhoff.

A : https://commons.wikimedia.org/wiki/File:Inia_geoffrensis1.jpg

B, D : photos réalisées par Vincent Bels (spécimens du Muséum national d'histoire naturelle, Paris, France)

C : https://commons.wikimedia.org/wiki/File:FMIB_34110_Delphinapterus_leucas,_(Pallas)_White_Whale.jpeg

FIGURE 34

Réalisation par Florence Kirchhoff.

A : https://commons.wikimedia.org/wiki/File:Moby_Dick_Cropped.jpg

B : photo réalisée par Vincent Bels (spécimen du Muséum national d'histoire naturelle, Paris, France)

C : photo d'Alexander Werth (Hampden-Sydney College, USA) modifié par Florence Kirchhoff avec permission

FIGURE 35

Réalisation par Florence Kirchhoff.

A : dessins d'Anaïs Bels, inspirés de https://museumsvictoria.com.au/article/ancient-whales-had-more-bite-than-todays-gentle-giants/

B (a, b, c) : succession de dessins réalisés par Anaïs Bels, inspirés de https://www.science.org/content/article/how-ancient-whales-lost-their-teeth-and-turned-world-s-biggest-living-filters

C, D : photos réalisées par Éric Pellé (Muséum national d'histoire naturelle, Paris, France)

E : https://commons.wikimedia.org/wiki/File:SBNMS_-_feeding_humpback_whale_(31319806616).jpg

F : https://commons.wikimedia.org/wiki/File:SBNMS_-_feeding_humpback_whale_(31319806616).jpg

FIGURE 36

Réalisation par Florence Kirchhoff.

A-C : modifiés d'après Cade D. E., Carey N., Domenici P., Potvin J., Goldbogen J. A. (2020), « Predator-informed looming stimulus experiments reveal how large filter feeding whales capture highly maneuverable forage fish », *Proceedings of the National Academy of Sciences*, 117 (1), p. 472-478. Permission PNAS.

FIGURE 37

Réalisation par Florence Kirchhoff.

Illustrations réalisées par Vincent Bels modifiées à partir de Werth A. J., Crompton A. W. (2023), « Cetacean tongue mobility and function : A comparative review », *Journal of Anatomy*, 243 (3), p. 343-373 (en open access)

Dessins des baleines : https://upload.wikimedia.org/wikipedia/commons/e/e3/FMIB_45971_Whale_Fishery.jpeg

FIGURE 38

Réalisation par Florence Kirchhoff.

A : dessin réalisé par Carole Petit Delahaye

B : photo réalisée par Maryvonne Bels-Gourlay

C : photo réalisée par Glenn Le Floch (Parc zoologique de Beauval, France)

D : photo réalisée par Florence Kirchhoff (Parc zoologique-Domaine de La Bourbansais, France)

FIGURE 39

Réalisation par Florence Kirchhoff.

A : https://commons.wikimedia.org/w/index.php?search=Sea+Otter+%28Enhydra+marina%29+from+the+viviparous+quadrupeds+of+North+America+%281845%29+illustrated+by++John+Woodhouse+Audubon+%281812-1862%29&title=Special:MediaSearch&go=Go&type=image

B : https://commons.wikimedia.org/wiki/File:Sea_Otter_(Enhydra_lutris)_(25169790524)_crop.jpg

FIGURE 40

Réalisation par Florence Kirchhoff.
A-D : photos réalisées par Florence Kirchhoff (Parc zoologique-Domaine de La Bourbansais, France et Parc zoologique de Trégomeur, France)
E : photo de Vincent Bels

FIGURE 41

Réalisation par Florence Kirchhoff.
A : photo réalisée par Glenn Le Floch (Parc zoologique de La Bourbansais, France)
B : photo réalisée par Florence Kirchhoff

FIGURE 42

Schéma réalisé par Vincent Bels

FIGURE 43

Réalisation par Florence Kirchhoff.
A : photos réalisées par Florence Kirchhoff (Parc zoologique du Cerza, France)
B : photos réalisées par Florence Kirchhoff (Parc zoologique de Trégomeur, France)

FIGURE 44

Dessin et graphique réalisés par Vincent Bels

FIGURE 45

A-B : figures modifiées de Duncan E. M., Arrowsmith J. A., Bain C. E., Bowdery H., Broderick A. C., Chalmers T., …, Godley B. J. (2019), « Diet-related selectivity of macroplastic ingestion in green turtles (Chelonia mydas) in the eastern Mediterranean », *Scientific Reports*, 9 (1), 11581 (open access).
C, D, F, G, H : photos réalisées par Florence Kirchhoff (H : Parc zoologique de Trégomeur, France)
E : photo réalisée par Christian de Muizon, directeur de recherche émérite CNRS (utilisation avec la permission de l'auteur)

FIGURE 46

Réalisation par Florence Kirchhoff.
A-C : photos réalisées par Florence Kirchhoff

FIGURE 47

Réalisation par Florence Kirchhoff.
A : dessin réalisé par Carole Petit Delahaye
B : photo réalisée par Glenn Le Floch (Parc zoologique de Beauval, France)

FIGURE 48

Schéma réalisé par Vincent Bels

FIGURE 49

A-C : photos réalisées par Florence Kirchhoff

FIGURE 50

Réalisation par Florence Kirchhoff.
A : photo réalisée par Florence Kirchhoff
B : photo réalisée par Vincent Bels (Muséum national d'histoire naturelle, Paris, France)
C : schéma réalisé par Vincent Bels

FIGURE 51

Schéma réalisé par Vincent Bels et Florence Kirchhoff

FIGURE 52

Réalisation par Florence Kirchhoff.
A-B : photos réalisées par Grégoire Boulinguez Ambroise (Muséum national d'histoire naturelle, Paris, France)
C : photo réalisée par Éric Pellé (Muséum national d'histoire naturelle, Paris, France)
D : photo réalisée par Joy Reidenberg à l'Icahn School of Medicine at Mount Sinai, New York, gracieusement mise à disposition par David Schultz

FIGURE 53

A-D : photos réalisées par Vincent Bels

FIGURE 54

Réalisation par Florence Kirchhoff.
Dessin réalisé par Carole Petit Delahaye
A-D : schémas réalisés par Vincent Bels

FIGURE 55

Photo réalisée par Florence Burgue (utilisation avec sa permission).

FIGURE 56

Réalisation par Florence Kirchhoff.
A : dessin réalisé par Carole Petit Delahaye
B : schéma réalisé par Vincent Bels
D : modifié d'après Elad D., Kozlovsky P., Blum O., Laine A. F., Po M. J., Botzer E., …, Ben Sira L. (2014), « Biomechanics of milk extraction during

breast-feeding », *Proceedings of the National Academy of Sciences*, 111 (14), p. 5230-5235. Avec permission

FIGURE 57

Réalisation par Florence Kirchhoff.
A-B : dessins d'Anaïs Bels
C : séquence d'images réalisée par Florence Kirchhoff
D-E : modifié d'après Gart S., Socha J. J., Vlachos P. P., Jung S. (2015), « Dogs lap using acceleration-driven open pumping », *Proceedings of the National Academy of Sciences*, 112 (52), p. 15798-15802. Avec permission

FIGURE 58

Réalisation par Florence Kirchhoff.
A : dessin réalisé par Carole Petit Delahaye
B : photo réalisée par Alejandro Ricco-Guevara
C : modifié d'après Rico-Guevara A., Rubega M. A. (2011), « The hummingbird tongue is a fluid trap, not a capillary tube », *Proceedings of the National Academy of Sciences*, 108 (23), p. 9356-9360. Avec permission

FIGURE 59

Réalisation par Florence Kirchhoff.
A : https://commons.wikimedia.org/wiki/File:Anoura_caudifer_illustration.jpg
B-F : modifié d'après Harper C. J., Swartz S. M., Brainerd E. L. (2013), « Specialized bat tongue is a hemodynamic nectar mop », *Proceedings of the National Academy of Sciences*, 110 (22), p. 8852-8857. Avec permission

FIGURE 60

A : modifié de https://commons.wikimedia.org/w/index.php?search=vampire+bat&title=Special:MediaSearch&go=Go&type=image
B : photo réalisée par Vincent Bels (spécimen du Muséum national d'Histoire naturelle, Paris, France)
C : https://commons.wikimedia.org/wiki/File:Vampirebat.jpg

FIGURE 61

Réalisation par Florence Kirchhoff.
A : photo du professeur Anthony Russell (University of Calgary, Canada)
B : modifié de https://commons.wikimedia.org/wiki/File:Thorny_devil_northern_territory.jpg
C, D : modifiés de Stratakis E., Bonse J., Heitz J., Siegel J., Tsibidis G. D., Skoulas E., …, Baumgartner W. (2020), « Laser engineering of biomimetic surfaces », *Materials Science and Engineering : R : Reports*, 141, 100562 (open access)

ENCADRÉ 1

Tableau réalisé par Vincent Bels

ENCADRÉ 2

Dessin réalisé par Vincent Bels et Florence Kirchhoff

ENCADRÉ 3

Schéma réalisé par Vincent Bels

ENCADRÉ 4

Réalisation par Florence Kirchhoff

A : https://commons.wikimedia.org/wiki/Category:Charles_Vernier#/media/File:A_physician_examines_a_patient's_tongue_Wellcome_V0011741.jpg

B : schémas réalisés par Vincent Bels

C : coupe histologique de la langue de lézard vert réalisée par Vincent Bels et Gérard Toubeau lors d'une collaboration portant sur l'étude de la langue des squamates en 1990 (université de Mons, Mons, Belgique)

ENCADRÉ 5

Photos réalisées par Florence Kirchhoff

Remerciements

Cet ouvrage n'aurait pu voir le jour sans l'aide précieuse de ceux et de celles qui ont consacré du temps et de l'énergie pour m'aider à assurer sa réalisation.

Je tiens tout d'abord à exprimer ma pleine gratitude à Mme Florence Kirchhoff qui m'a aidé à réaliser toutes les figures de cet ouvrage. Sans elle, l'illustration de cet ouvrage n'aurait jamais été de qualité. Au cours de notre collaboration au sein du Muséum national d'histoire naturelle de Paris, nous avons pu établir cette illustration, en discuter la réalisation et la finalisation. Discuter de manière régulière et positive, trouver les photos les plus parlantes et rechercher les meilleures compositions graphiques a occupé un temps précieux qu'elle a bien voulu passer pour m'aider à la réussite finale de cet ouvrage.

Sans les magnifiques dessins de Mmes Carole Petit Delahaye et Anaïs Bels, des illustrations auraient sans aucun doute moins réussi à porter les messages qu'elles traduisent.

Sans M. Éric Pellé, ingénieur du Muséum national d'histoire naturelle de Paris, qui a toujours répondu positivement à notre collaboration au sein du Muséum, plusieurs chapitres de cet ouvrage n'auraient pu être illustrés.

Tous mes remerciements à mon frère pour le temps consacré à relire cet ouvrage et pour les multiples suggestions destinées à en assurer la lisibilité et la cohérence.

Mes remerciements vont aussi à toutes les personnes, y compris mes collègues, qui, sans hésitation, m'ont apporté leur aide pour assurer à titre gratuit une partie de l'illustration iconographique de cet ouvrage. Ainsi, je tiens tout particulièrement à remercier le docteur Michel Baguette, professeur au Muséum national d'histoire naturelle de Paris ; Mme Florence Burgue ; le docteur David Hu, professeur au Georgia Institute of Technology ; le docteur Alexander Werth, professeur au Hampden-Sydney College ; le docteur Kurt Schwenk, professeur à l'université du Connecticut ; le docteur Alejandro Ricco-Guevara, professeur à l'université de Californie à Berkeley ; le docteur Daniel Huber, de l'université de Tampa ; le docteur Sam Wassenberg, professeur à l'université d'Anvers ; le docteur Grégoire Boulinguez-Ambroise du Muséum national d'histoire naturelle de Paris ; le docteur Pauline Cost du Muséum national d'histoire naturelle de Paris ; le docteur Stass Gorb, de l'université de Kiehl ; le docteur Andrew Schulz, du Georgia Institute of Technology ; Glenn Le Floch, de l'université Rennes-I.

Je tiens également à exprimer toute ma gratitude au docteur Emmanuelle Pouydebat qui m'a encouragé dans la réalisation de cet ouvrage.

Table

Inscrivez-vous à notre newsletter !

Vous serez ainsi régulièrement informé(e)
de nos nouvelles parutions et de nos actualités :

https://www.odilejacob.fr/newsletter

Cet ouvrage a été composé
en Adobe Garamond Pro
par Nord Compo
à Villeneuve-d'Ascq (Nord).

Cet ouvrage
a été achevé d'imprimer
sur les presses de la
Nouvelle Imprimerie Laballery à Clamecy
en mai 2025

N° d'édition : 4150-1172-X – N° d'impression : 504418
Dépôt légal : mai 2025

Imprimé en France